ソニー 復興の劇薬

SAPプロジェクトの苦闘

First Flight
FES Watch
MESH
HUIS REMOTE CONTROLLER
wena wrist
Qrio Smart Lock
AeroSense
AROMASTIC

はじめに

2015年10月、ある製品が、ちょっとした新記録を達成した。その製品の名は『wena wrist（以下wena）』。時計型のデジタルガジェットである。時計型、というとアップルウォッチのようなスマートウォッチを思い浮かべるだろう。もちろんwenaもスマートウォッチ的な製品のひとつ、ではあるのだが、多くのスマートウォッチとはちょっと違う。なにしろ、時計部分は古典的なクォーツ式のもので、IT機器との連携要素はないのだ。

ではなぜデジタルガジェットなのか？ スマートウォッチとしての要素は、すべて〝バンド〟の側に入っているのだ。バンドにはスマートフォンと連携するためのブルートゥースによる通信モジュール、LEDとバイブレーター、活動量計に加え、電子マネーに使われるFeliCaが内蔵されていて、バンド部をリーダーにかざすことで、財布の代わりにもなる。

バンド部だけにスマートウォッチとしての機能を入れたのは、〝時計としての多様性〟を維持するためだ。バンドなら自由に交換ができる。長く使っている思い入れのある時計があれば、それをつけて使ってもいい。仮にバンド部の機能が古くなっても、バンドだけ買い換えれば〝最新のスマートウォッチ〟に早変わりする。

wenaは、2015年8月31日から〝クラウドファンディング〟という手法で、製品化に向けた取り組みを開始した。クラウドファンディングとは、アイデアを製品に結びつけるためのもの。まず製品化したいものの内容をウェブで公開、製品化に向けた目標額を設定し、一般の人々から出資を募り、目標額を超えたら〝製品化〟し、出資者に製品を提供する、という仕組みである。ｗｅｎａの場合には、出資目標額は１０００万円、目標出資者数は２００名に設定されていた。

驚くことに、実際にクラウドファンディングの募集が始まると、目標額はたったの11時間で達成された。１日で目標額の2倍になり、募集を締め切る10月30日には、目標額の10倍を超える、1億7１6万６０００円を集めた。これは、当時日本国内を対象に募集されたクラウドファンディングとしては最高額である。スマートウォッチでありながら〝時計部に手を入れない〟というコロンブスの卵的なコンセプトが評価されたためだ。ｗｅｎａの存在が公開されたとき、人々はその発想に驚いた。そして、それをソニーが作っていたことを知り、「ああ」と納得した。こういうアイデア駆動型の面白いモノを作るのはソニーだよね、と。

過去10年以上にわたり、ソニーは苦境に立たされていた。業績は上向かず、巨額の赤字を計上すると、世の中からはこう指弾された。

「ソニーらしい製品がないからだ!」

そんなソニーの業績が、回復しつつある。

２０１６年４月28日、ソニーは２０１５年度通期での連結業績を発表した。売上高は8兆１０５7億円、営業利益は２９４２億円となった。純損益が１４７8億円の黒字。黒字の発表は、数字上3年ぶりのものだ。しかも、'12年度の黒字は一時利益の計上によるものだったので、本格的な黒字としては実は8年ぶりである。そして、多くの人がソニーの本業と考えるエレクトロニクス事業についても、5年ぶりの黒字である。

ソニーの経営状態は復活した。少なくとも数字を見る限り、ソニーは構造改革後の経営状態健全化を果たし、これからに向けて戦う体制を整えられた、と言っていいだろう。

なぜソニーは経営再建を果たすことができたのか？　それを知りたい人は多いはずだ。本書も、ある意味でそれをテーマとしている。

だが、本書は〝ソニー復活の過程〟を伝えるものではない。黒字化を果たしたとはいえ、エレクトロニクス事業が明るい状態にあるわけではない。海外ではプレイステーション4が空前のヒットを飛ばしているが、その他のジャンルでは、世間の誰もが「これぞソニーだ」と納得するような製品の姿が見えているわけではない。日本的なシステムは世界で受け入れられづらくなり、家電の世界はまだ混迷している。ソニーに限らず、総合家電メーカーはどこも苦悩の最中だ。

本書が描くのは、ソニーの中で起きた、〝金額的に見ればちょっとした変化〟である。本書の中で描かれているビジネスが、現時点のソニーの業績に大きな影響を与えたわけではない。だが、ソニーの若手社員にとって、その変化は少なからぬ影響を及ぼすものになりつつある。

そのプロジェクトとは『Seed Acceleration Program（以下ＳＡＰ）』。同社が２０１４年よ

り展開している、新規事業創出プログラムである。冒頭で挙げたｗｅｎａも、ＳＡＰの成果として生まれた製品のひとつである。

大企業が膠《こう》着した事業形態を打破するために、社内で新規事業創出のプロジェクトを立ち上げる……ということは、そう珍しいことではない。だが、そうした試みがうまく回った、というのもあまりない。なぜなら、大企業というシステムと新規事業創出という考え方は、時として競合するからである。だからこそＳＡＰには、いままで大企業内部で展開されてきた新規事業創出とは、大きく異なる要素が組み込まれている。それは、ある人に「ＳＡＰがソニーを壊す」と言わしめるほど、劇薬とも言える性質を持っている。

日本でも海外でも、小ぶりなチームでアイデア勝負の新しいハードウェアビジネスを立ち上げる、俗に〝ハードウェアスタートアップ〟と呼ばれる業態に飛び込む人々が増えている。ハードウェアスタートアップが提案する製品は、デザイン面で優れていたり、思わずポンと膝を打ちたくなるようなアイデアにあふれていたりして、魅力的だ。そんな中から、世界を変えるような新しいビジネスも生まれつつある。２０１６年、バーチャルリアリティー市場が立ち上がろうとしているが、その起点になったのも、ハードウェアスタートアップであるＯｃｕｌｕｓだった（２０１４年、フェイスブックに買収され、現在は同社傘下）。画期的な製品を世に問う、という役割の一部が、大企業からハードウェアスタートアップに移りつつあるのは否定できない。

ソニーがＳＡＰで実現しようとしたのは、ハードウェアスタートアップの持つダイナミズムを、大企業であるソニーの中に生み出そう、ということだった。それは別の言い方をするなら、１９４６年創業で、もはや老舗となったソニーの中に、もうひとつの〝ベンチャーとしてのソニー〟を作ることではなかったか、と感じるのだ。

ハードウェアスタートアップは天国ではない。Ｏｃｕｌｕｓのように成功するのはほんの一握りであり、その彼らも、２０１６年６月現在、非常に大きな課題に直面している。そしてみなさんもご存知の通り、大企業も天国ではない。それぞれに課題と悩みを抱えている。

モノづくりのあり方も、企業のあり方も変わった。大企業であり、ハードウェアスタートアップでもあるソニーのＳＡＰが直面したのは、現在多くの企業が問われている〝ハードウェアメーカーとはなにか〟ということだった。

では、その問題の本質とはなんだったのだろうか？　大企業が、そしてハードウェアスタートアップが抱える課題とはなんだったのだろうか？　ＳＡＰの活動を見ていくことで、筆者が感じた疑問やその答えを、みなさんとも共有できるのではないか、と考えている。

それでは、ＳＡＰとはなにか、彼らが行なったこととはなにかを見ていくことにしよう。

目次

2013年

7月 小田島氏から平井社長へ〝ソニーにおけるイノベーション活動の改善案について〟プレゼンされる（7／16）

12月 十時氏がソネットからソニー本体へ（事業戦略、コーポレートディベロップメント、トランスフォーメーション担当）

平井社長へFES（Fashion Entertainments／当時はHome Entertainment Sound（HES）所属で業務外の活動）の初プレゼン

2014年

2月 平井社長、十時氏へ、SAP構想のグランドデザインの最終提案

3月 平井社長がソニーのトップマネジメントを招集し、プログラム開始を告知

4月 CEO直轄組織として、〝新規事業創出部〟が設立。新規事業創出プログラム『Seed Acceleration Program』（以下、SAP）がスタート

十時氏が経営企画、財務担当、新規事業創出部担当となる

SAPの概要を紹介した社内向けイントラサイトを2週間で立ち上げる（4／21）。10日間で6万を超える社内アクセス数

社員からの質問が殺到したため、FAQをイントラに掲載（4／25）

4月〜5月 FESが新規事業創出部へ（SAP Intensiveという短期集中育成プログラムでビジネスモデルの検証を開始）

5月 SAP Training Advanced（プロジェクト伴走型）適用開始

第1回オーディション開催案内（5／16）

社員説明会のキャンセル待ちが500人近くになり、追加開催を決定し案内（5／23）

ブロック状の電子タグ『MESH』をアメリカ西海岸開催のイベント『Maker Faire』に出展

6月 SAP及びオーディションの社員説明会を実施。5回（本社、大崎、厚木）、計700人以上が出席

社員向けSNS『Creative Lounge SNS』を開設

社内外交流を活性化するツールとして第1回SAPワークショップ開催。テーマは〝2025年の感動あふれる子供の未来〟

SAP Training（一般社員向けビジネスモデル構築）開始。キャンセル待ちが相次ぐ

後にQrio社となるスマートロックの企画書が提出され、プロジェクトスタート

7月 『MESH』が新規事業創出部へ（事業準備室で事業開発を開始）

8月 本社1Fに、社内外のクリエイターが自由に出入りできる『Creative Lounge』を開設。Open Dayには第1回オーディションの応募案件を展示し、14時〜18時の4時間の間に600名近い社員が来場

第1回SAPオーディション最終審査会。『HUIS』が通過。2年目社員が統括課長へ

最初のグランドデザイン（7本の施策：Creative Lounge、Creative Lounge SNS、Workshop、Audition、Training、SAP Intensive、事業準備室）はすべて立ち上げ完了

10月 『FES Watch』がMakuakeでクラウドファンディングを開始

11月 第2回SAPワークショップ開催。〝2025年の感動あふれる女性の未来〟

十時氏がソニーモバイルの社長に。SAPはアドバイザーとして継続

12月 第2回SAPオーディション最終審査会。『wena』が通過。1年目社員が統括課長へ

スマートロックの事業化及びQrio（株）設立の発表。Makuakeでクラウドファンディング開始

2015年

1月 『MESH』をアメリカのクラウドファンディングサイトIndiegogoに掲載

『MESH』、世界最大級のIT技術展示会International CESのエウレカパーク（スタートアップが集うエリア）に出展

SAPの品質オフィサーとして半澤氏がアサイン

3月 『MESH』のクラウドファンディングが成立する

4月　第3回SAPオーディション審査会。『AROMASTIC』が通過
第3回SAPワークショップ開催。〝2025年の感動あふれるエイジレス・ライフの未来〟
5月　SAPの北米における販売会社としてTakeoff Point社を設立
SAPファクトリー（ソニーの事業所：稲沢サイト）で『MESH』の出荷式
6月　第4回SAPワークショップ開催。〝2025年　感動づくりの未来〜想像力と創造力を解き放つものづくり〜〟
第4回SAPオーディション最終審査会
7月　SAPのプロダクトを世に送り出すクラウドファンディングとEコマースのサイト『First Flight』をオープン
初のメディア向けイベント〝Seeds Messe〟をCreative Loungeで開催
『MESH』一般発売開始。USのAmazonでも販売開始
『FES Watch』の予約販売を開始
学習リモコン『HUIS（ハウス）　REMOTE CONTROLLER』のクラウドファンディング開始、達成
8月　『wena wrist』のクラウドファンディング開始
SAPの仕組みを活用しドローン事業を行なうエアロセンス社をソニーモバイルとZMPのジョイントベンチャーとして設立
9月　『wena wrist』が家電展示会IFAのTec Watchに出展。SAPもソニーのブースの中で紹介。初の海外お披露目
『wena wrist』がクラウドファンディングで支援目標の10倍、1億円を突破。日本記録を樹立し成功
第5回SAPワークショップ開催。〝2025年　感動づくりの未来〜未来における革新的な売り方・買い方とお金の姿〜〟（フィンテック）
第5回SAPオーディション最終審査会
SAP Training（事業計画）開始

10月　『wena wrist』がCEATEC AWARD 2015 準グランプリを受賞
11月　MoMAデザインストア、伊勢丹新宿店等、実店舗にて『FES Watch』の販売を開始
スティック型 アロマディフューザー『AROMASTIC』のクラウドファンディングを開始
12月　第6回SAPワークショップ開催。〝2025年　感動づくりの未来　〜テクノロジーと身体能力の拡張〜〟
第6回SAPオーディション最終審査会

2016年

1月　『AROMASTIC』がクラウドファンディング成功
2月　『HUIS（ハウス）　REMOTE CONTROLLER』クラウドファンディング分の出荷開始。一般発売開始
首相官邸にてSAPが日本ベンチャー大賞〝イントラプレナー賞〟受賞
3月　『wena wrist』クラウドファンディング分の出荷開始
第7回SAPワークショップ開催。〝2025年　感動づくりの未来　〜テクノロジーが切り開くファッションの可能性〜〟
第7回SAPオーディション最終審査会
5月　SAPファクトリー（ソニーの事業所：幸田サイト）で『wena wrist』の出荷式
銀座・ソニービル5FにFirst Flightのリアル店舗『First Flight GINZA』をオープン（5／20）
社外のスタートアップを対象としたオーディション『Sony Startup Switch』を開催
6月　Sony Startup Switch最終審査会。H2Lが優勝。準優勝はセーフィー
『wena wrist』一般販売開始

本書の登場人物の肩書きは、すべて２０１６年６月末日現在のものです。

第一章

プロジェクトマネージャーは新入社員

2015年夏。『wena』のクラウドファンディングが発表される少し前、筆者はソニーへ取材に訪れていた。取材を行なう部屋には、wenaのプロジェクトに関わるメンバーが勢ぞろいしていた。緊張しているのか、皆表情は硬い。真ん中に座っていたのが、wenaのプロジェクトリーダーである對馬哲平《つしまてっぺい》だった。

「とにかく持ち物を減らしたかったんです。将来的にはポケットの中を空っぽにしたい。でも、複数のデバイスを腕につけるのは不自然ですし、スマートウォッチもほとんどが〝いかにも〟な外観。最高に自然なものを作るにはどうしたらいいか、と考えてこの形にしたんです」

試作品を手にしながら、對馬はwena開発の狙いを熱っぽく語る。彼が並々ならぬ思い入れでwenaのプロジェクトを立ち上げたことがよくわかる。

「実は、ソニーに入社する前から、これを含め、いろんなウェアラブル機器のアイデアを考えていたんです。ですから、これを作るためにソニーに入ったようなものです」

そういえば、對馬はとても若く見える。

「失礼ですが、入社してどのくらいですか?」

そう問いかけた筆者に、對馬はこう答えた。

「2年目です。プロジェクトがスタートしたときは、まだ1年目でした。プロジェクトメンバーの3分の1は同期です」

wenaは、新入社員1年生が率いるプロジェクトだったのだ。と言ってももちろん、社

對島哲平
ソニー株式会社
新規事業創出部 wena事業室　統括課長

2014年ソニーモバイル入社。入社1年目でwena projectを立ち上げ、翌年第一弾の製品であるwena wristを発表。クラウドファンディングで日本記録を樹立し、2016年6月wena wristの正式販売を開始した。

wena wrist。時計部はシチズン製のクオーツ時計だが、〝バンド部〟にウェアラブル機器としての能力が備わっており、組み合わせるとスマートウォッチ的に使える。

時計部とバンド部の色違いでシルバーとブラックのバリエーションがある。時計部には盤面構成でさらに多様性をもたせており、ファッションアイテムとしての〝時計〟を強く意識している。

員研修プロジェクトでもなんでもない。製品化を目指した、確固たる〝ソニーのプロダクト〟としてのプロジェクトである。

「これが作りたくてソニーに入った」のに……

「僕はガジェットオタクの大学生だったんですよ」

對馬はそう笑う。大阪大学でプラズマ工学を学んでいた對馬は、デジタルガジェットが大好きだった。スマートフォンはもちろん、ウェアラブル機器も、できる限り買って試していた。当時はまだ初期的な製品が市場に出回っていたに過ぎない状態だったが、その混沌が良かった。当時から、両腕に腕時計とウェアラブル機器をつけていた、というのだから筋金入りだ。そんな對馬が自分でデジタルガジェットの開発に携わりたい……と考えるのも当然の成り行きだ。

ああ、だからソニーに……と思いがちだが、「そうではない」と彼は言う。それどころか、ソニーファンというわけでもなかった。

ある一定以上の年齢であれば、〝テクノロジーを生かした製品ならソニー〟という思い込みがあるかもしれない。だが、對馬のような世代から見れば、ソニーは特別な企業、というイメージはもっていない。カメラモジュールなどの技術はあるし、日本国内向けのスマートフォンとしては『Xperia』シリーズが人気だが、世界的に見れば「高い技術はあるがトレンドセッターとは言えない」と見るアナリストがほとんどだろう。對馬も最初からソニーに入ることが目的というわけではなかった。彼はあくまで「デジタルガジェットを作り、世界に問うビジネスをやりたい」ということが目標だったのだ。

對馬は学生時代、ベンチャー企業でアルバイトをしていた経験をもつ。世界を見渡せば、オリジナルのデジタルガジェットを製造する、俗に言う〝ハードウェアスタートアップ〟も多くある。深圳《しんせん》（中国広東省）や香港・台湾などにある製造専門の企業と組めば、小さな企業でも製品を世に問うことはできる環境が整ってきた。

しかしそれでも、對馬は「ベンチャーでは難しい」と感じたという。

「ベンチャーで、〝少人数で働くとはどういうことか〟を見たつもりです。その結論から言えば、自分が作りたいものは、多分作れないんですよ。金属筐体を作ろうと思うと、電波が飛ばなくなる。するとアンテナ屋さん（筆者注：無線の最適化設計ができる技術者のこと）を抱えなきゃいけない。小さな動くもので防水を実現するのも、とても難しい。そもそもベンチャーだと、それらの技術をすべてもつ、なんて不可能なんですよ」

對馬はガジェットオタクだが、それだけに品質に対する目も厳しい。大学で工学を学んだものとして、技術に魔法がないことも知っている。だからこそ、自分が作りたいものを作れる技術があるところはどこか……という考えに行き着いた。

「防水も含めて考えると、今ある製品ではスマートフォンが一番進んでいるので、国内でスマートフォンをやっているところが強いだろう。その中で、スマートウォッチを作るには、腕時計メーカーと組まなければいけない。その時に、腕時計メーカーさんとフェアな立場で付き合えるのはどこだろう……という視点から、ソニーがいいんじゃないかと考えていたんです」

對馬はあくまで、〝自分が作りたいガジェット〟目線で冷静だった。

「と言ってももちろん、当時はそんなに知識が多かったわけではないので、なんとなくこっちの方が作りやすいだろうなぁ、くらいでした。腕時計メーカーか、エレクトロニクスメーカーか、ベンチャーか。ベンチャーは、自由そうに見えて、規模が小さいがゆえに、実は全然自由じゃない。時計メーカーには電子機器を作るノウハウがないので、エレクトロニクスだろうな、と。別にソニーに決めていたわけでもなく、そういう目線で、いろいろな企業を見ていたんですね。でも当時（2013年）は、国内メーカーのスマートフォン撤退が相次いだ年でもあります。なので、結果的にソニーを選んだ、ということになります」

具体的な目標をもち、對馬はソニーに入社した。とはいえ彼も、いきなり「自分が作りたいものを作れる」とは思っていなかった。そのためのスキルも身についていないからだ。「3、4年は機構設計の勉強をしてからなにか製品作りに携われないか」というのが、当時の考えだったという。

だが、そうした気持ちは、次第に焦りに変わってきた。

世界ではスマートフォンとそれを中核にしたデジタルガジェットのビジネスが大きくなっていた。毎月のように、様々なガジェットが生み出され、そのスピードも速くなっている。

「いまこのチャンスを逃したら、日本のウェアラブル業界は勝てないんじゃないか、と焦り始めたんです。本当は4年くらい修業してからやりたかったけど、〝いまやらなきゃ〟って。」

手元には、ひとつの試作品があった。社員研修の一環として、当時自ら手作りした〝ウェアラブルデバイス〟だ。市販の時計に、ソニーの小型活動量計『SmartBand』を分解し、組み込んだものである。デザインもサイズも違うし、機能の大半が搭載されていない状態である。しかしそのコンセプトは、後日世に出るwenaそのものだった。

この試作品は、周囲から高い評価を得ていた。自分の考えたコンセプトにも自信があるし、ソニーにそれを製品化する技術もある。

だが、一介の新入社員である對馬には、それを〝製品〟までもっていく自信も、方法もわからなかった。ただ焦りだけが募るなか、彼の耳にひとつのプロジェクトの話が舞い込んで来る。

それが〝SAP〟だった。

社員なら誰でも新規事業を作れるチャンスが到来

2014年4月、ソニー社内では〝Seed Acceleration Program（通称SAP）〟というプロジェクトが立ち上がり、告知が始まっていた。

SAPとは、ソニー社内で、新規事業を立ち上げたいと思う個人およびグループを公募し、ビジネス化を支援する仕組みである。その過程では、ソニー社内でオープンなオーディションが行なわれる。オーディションに応募するための条件は、社員がリーダーでありさえすればほとんどなにもない。5名以下のグループで応募することだけ。社内での席次も、所属する部署も、専門も関係ない。

ただし、オーディションに出せる企画の条件はある。それが〝既存の事業部門内では難しいもの〟という点だ。SAPでのビジネスは、既存の事業部門からは切り離され、ソニーの社長直轄部門である〝新規事業創出部〟の下のビジネスになる。

もともとSAPの目的は、既存の事業部の中では生まれてきづらい、新しいアイデアを事業化することにある。たとえばwenaは〝ウェアラブルデバイス〟という観点で見ればソニーの領域だが、〝腕時計〟として見れば、ソニーが手掛けたことがない領域となる。通常のプロセスと同じく、〝事業部〟から製品を出すのであれば、社内事情も製品づくりのプロセスもわからない〝ソニー1年生〟が、いきなり製品開発の中心メンバーになることはあり得ない。對馬を中心としたグループが抜擢されたのは、SAPと、それに伴う社内オーディションという仕組みあってのものである。

とはいえ、SAPを通るものはすべてデジタルガジェットかというと、そういうわけではない。新規事業の定義についても〝既存の事業部にない新規事業〟というものだけであり、ガジェットに限ったものではない。

wenaは2014年12月に最終選考が行なわれた、SAPにとって第二回のオーディションを通過し、製品化に至ったものである。オーディション制度スタート前、2014年4月のSAP発足時、最初の事業案件として動いたのは、同月に組織化し、2014年8月から一般顧客向け事業を開始した『ソニー不動産』であった。ソニーという会社がエレクトロニクスだけのものではなく、エンタテインメントコンテンツや金融など、複合的なビジネスを軸とするものであることを象徴している。

とはいうものの、SAPのオーディションに持ち込まれる企画の大半は、新しいエレクトロニクス製品を考えたものだ。やはりソニーは〝製品〟の会社であり、ソニーに入ったからには新たな製品を手掛けたい……と考える人が多いためだろう。

2014年5月、SAP事務局は社内向けに、オーディションの説明会を開いた。オーディションの概要を解説した社内向けのウェブサイトには、10日間で6万件を超えるアクセスがあり、社内からの注目が高いことは予想されていた。当初は説明会用に100人程度の会議室を用意していたが、蓋を開けてみると、参加希望者は500人を超えており、想定を大きく上回るものだった。結局、説明会は6月までに5回開催され、ソニー社員のべ700人以上が参加することになった。

2016年6月現在、公表済みの〝SAPオーディション通過プロダクト〟は4つ。しかし水面下では、さらに多くのプロジェクトが進行している。2016年6月までに、ソニー社内で開催されたSAPオーディションは7回を数え、発想をビジネスに結び付ける仕組みとして定着しつつある。

先輩の背中を追いかけてSAPへ

對馬はSAPに、同期数人とチームを組んで応募した。wenaのコンセプトには絶対の自信があったが、実は、目の前に〝先輩〟がいた、ということも心の助けになっていた。

SAPの第一回オーディションを、あるガジェットのプロジェクトが通過していた。『HUIS』と名付けられた高機能学習リモコンである。HUISは、複数の機器のリモコンをまとめ、1つのデバイスから扱えるようにすることを狙ったもの。そうした〝万能リモコン〟は過去にもあったが、HUISの特徴は、ディスプレーとして、電源が入っていないときにも表示が行なわれる〝電子ペーパー〟を採用し、自由な組み合わせと使い勝手の両立を狙っていた。要は、スマートフォンの持つ自由度に近いものを持つリモコンを作りたかったのだ。

ＨＵＩＳのプロジェクトを立ち上げたのは八木隆典。実は彼は對馬の1年先輩であり、学生時代から親交があった。八木はソニー2年生でありながら、同期とチームを組み、ＨＵＩＳのプロジェクトでＳＡＰのオーディションを勝ち抜いた。

對馬は「八木さんたちが前にいたので、その背中を追いかければよかった」と話す。八木の存在は、對馬たちに大きな自信を与えていた。

「入社前から、家電のなにが不満なのかをずっと考えていました。リモコンはもうずっと変化していません。リモコンで使いたいボタン、必要なボタンは限られているのに、それがなにかは、人によって違います。私は、家具などを選び、部屋を作り込むのが好きなんです。でも、リモコンを選ぶことはできない。確実に、しかも使いやすいリモコンを自分で作り込むことができれば、そこには市場があるのではないか、と考えたんです」

八木は、発想の根幹をそう説明する。

對馬がそうであったように、八木も入社直後から、「自分が考えるリモコンを製品化できないだろうか」という検討を始めていた。そこでスタートしたのがＳＡＰという計画である。新入社員でも、ＳＡＰのオーディションを通過すれば、自分たちの手で、自分たちが考えた製品を、できる限り早いタイミングで世に出せる可能性が出てくる。最初は電子書籍リーダーにリモコンのボタンを表示するところから実験を進め、徐々にコンセプトを煮詰めていった。

ＳＡＰのオーディションでは、応募してきたチームそのものが事業主体となり、独立採算でビジネスを行なう〝プラン〟全体が審査される。単に〝製品の企画〟を集めるのではない。その製品がどういう特徴のものかはもちろん、市場性・販売戦略・生産手法から、第二弾・第三弾とビジネスを広げていく過程での計画など、多岐にわたる審査が行なわれる。最初は数枚のペーパープランでの審査となるが、そのあとはより具体的な案が求められるようになっていく。当然のことながら、ビジネス全体を見通したことのない〝ソニー2年生〟にはとても難しいことだ。ＳＡＰ事務局の側からもサポートは行なわれるものの、判断はすべてチームが主体的に行なわねばならない。審査はソニーの社員や重役だけでなく、外部の審査員もいる。具体的な人物名や経歴などは開示されていないが、起業経験者や学識経験者など、ビジネスの世界で一線級の人々が、応募者のプランを検討していく。ソニーの中で〝新しい小さな会社〟を作るような勢いで、事業計画を審査される。

もちろん、ＳＡＰにとって最も重要な点は新奇性であり、ビジネスとしての安定性や収益性だけを評価するものではない。目的はあくまで新しいビジネスの創造にあるからだ。だが、そこで収益性を無視したアイデアコンテストをする気もなかった。これから、彼らは世界中の企業と戦わねばならない。外部の企業は、アイデアの新しさと収益性の両面で、厳しい競争にさらされながら戦っている。ソニーがＳＡＰに求めているものも、まったく同じ環境なのだ。

八木のチームはその中で、苦労しながらオーディションを突破していった。

実はさらにその前、オーディション制度ができる前の段階で、ＳＡＰの中から製品化検討にこぎつけたものもある。『ＦＥＳ Ｗａｔｃｈ』（以下ＦＥＳ）と『ＭＥＳＨ』がそれだ。ＦＥＳは、盤面とベルトをすべて、ディスプレーである電子ペーパーで構成した腕時計。盤面のデザインを変えられるのはもちろん、バンドも同時にデザインを変えられる。毎日好きなデザインに変えて持ち歩いたり、ある時間だけ別のデザインに変えてみたり、といったこともできる。ＦＥＳのプロジェクトを指揮している杉上雄紀も、２０１３年に活動を本格化した当時ソニー入社６年目の若手である。『ＭＥＳＨ』は、あらゆるものをスマート化するＤＩＹツールキットだ。リーダーの萩原丈博が研究所で開発していたものを新規事業創出部で育成し事業化した。

八木や萩原、杉上がビジネスプラン作りやオーディション通過のために苦労した情報は、すべて社内で共有されている。ＳＡＰの本格化に合わせる形で、ソニーはＳＡＰに関連する社内ＳＮＳを立ち上げた。そこには、計画の詳細からオーディションの経緯と応募方法、そして応募結果に至るまでが、すべて公開されている。それを見れば、〝どこでなにをすべきなのか〟、〝どういう情報が求められるのか〟といったことがわかるようになっている。だから、後から参加した人々ほど、与しやすい内容になっている。

ユニバーサル・リモコンである『HUIS REMOTE CONTROLLER』のプロジェクトチーム。2016年でも入社4年目の若手が大半。八木隆典氏（左から3人目）がチームリーダーとなって開発を進めていく。

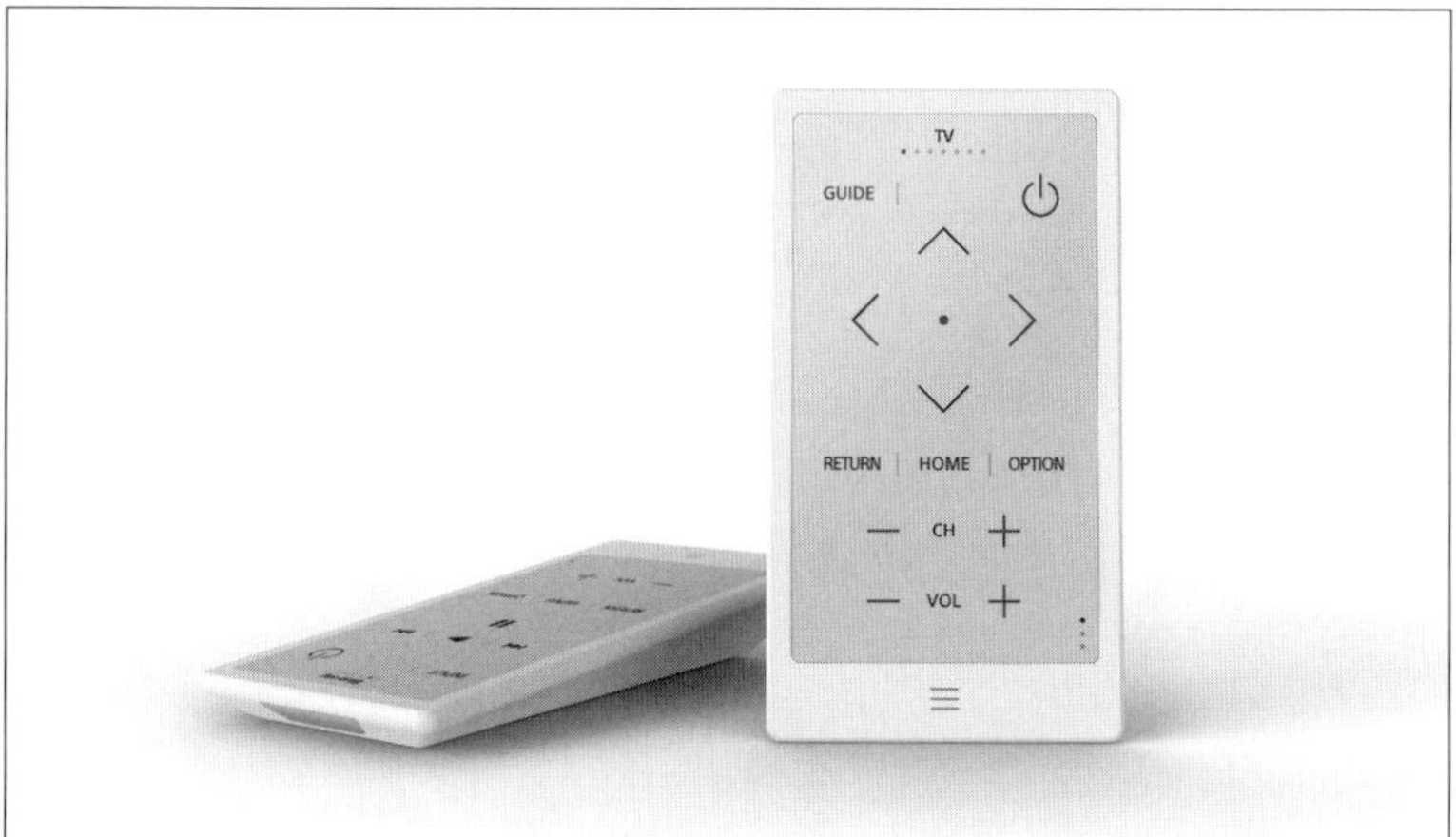

HUIS REMOTE CONTROLLER。タッチセンサーと電子ペーパーを使った〝万能リモコン〟。自分で好きな機能を組み合わせ、使いやすいリモコンを作れる。今後、パソコンから図柄やボタンサイズまでカスタマイズできるようになる。

〝香りの体感〟から〝香りのエンタテインメント〟へ

ＳＡＰのオーディションを突破した商品企画のうち、個人向けの製品は、ソニーが運営するクラウドファンディングとＥコマースを兼ね備えたマーケティングサイト『Ｆｉｒｓｔ Ｆｌｉｇｈｔ』を通じ、まず世に出る。ｗｅｎａが記録を作ったクラウドファンディングも、Ｆｉｒｓｔ Ｆｌｉｇｈｔ発のものだ。

２０１６年６月現在、Ｆｉｒｓｔ Ｆｌｉｇｈｔを通じて世に提案されたものは３つ。最高額を集めたのはｗｅｎａだが、３つとも、クラウドファンディングで定めたゴール金額には到達し、支援者に製品が送り届けられることが決まっている。

だが、目標額達成が難航した製品もある。それが『ＡＲＯＭＡＳＴＩＣ』である。ＡＲＯＭＡＳＴＩＣは、その名前の通り、香りを楽しむための機器である。

ＡＲＯＭＡＳＴＩＣの企画を立ち上げ、チームリーダーとなった藤田修二は、ソニーにはバイオ系の研究者として入社した人物だ。入社後には、ぶどう糖から発電する〝パッシブ型バイオ電池〟の研究を担当していた。そんな藤田がアロマという分野に挑むのはちょっと畑違いにも思える。

「２０１２年の春から夏くらいのことだったと思います。最初は、バーチャルリアリティーでなにかできないかと思って。アンダーグラウンドな研究として、3人くらいの仲間と、ちょっとやっていたんですよね」

藤田は当時、研究開発部門である先端マテリアル研究所にいた。そこで仲間と考えたのが、〝香りのバーチャルリアリティーへの応用〟だった。

「ちょうどソニーでもヘッドマウントディスプレー（筆者注：ソニーが2011年に商品化した『HMZ-T1』のこと）を作っていたので、いろいろ実験してみました。映像や振動、音は実現できるのですが、香りをそこに入れたら面白いだろうな、と考えたんです」

ホラーなシーンでは、図書館でいちばん古い本を持ってきて、かび臭い、古い本の臭いを嗅がせたり、お寺のシーンでは線香の香りを嗅がせたり……。視界を映像で切り替えてしまっているので、五感のうち〝視覚〟は入れ替えることができている。そこに、映像に合わせて匂いを出せば、〝嗅覚〟もだましてよりリアルな体験ができるのではないか……と彼らは考えていたわけだ。

「でも、会社でアメリカへ留学することになったため、続けられなくなったんです。それだけでなく、〝香りのコンテンツ〟を作るのは、（家電メーカーである）我々には難しいだろう、ということもあって、いったんフェードアウトしました」

藤田たちが実験していた段階では、香りは手作りだった。色々なところから香りの元になるものを取ってきて、人々の反応を試していた。だが、ここから事業にまで発展させるには、同じ香りを常にどこでも体験できるよう、量産体制を整えねばならない。そういったことは通常、香料などを組み合わせて調香することで実現するわけだが、藤田はもちろん、ソニー全体を見回しても、バーチャルリアリティーコンテンツのためのリアルな香りを作り出す能力はない。他社に協力を依頼すれば十分に可能なことだが、どのくらいの予算で、どのくらいの規模のものができるのか、まったく想像もつかない。だから、彼らの最初のトライアルは、アンダーグラウンドな研究のまま終了することになった。

それが復活し、AROMASTICというプロジェクトになるのは、藤田が留学から帰国してからのことだった。

「ソニーって最近、何を出しているんだっけ?」

「留学中、周囲の人間は、みなソニーの名前を知っているんです。〝ソニー!　すごいね〟って。でも、そのあとに続くのが〝ソニーって最近、何を出しているんだっけ?〟という質問です。VAIOやプレイステーションは知っていても、それ以上がない。せっかく誰もが知っているソニーにいるんだし、なにか新しい文化を作るようなことをやりたい、と考えました。そこでバーチャルリアリティーはある程度いけるかな……と思ったんですが……」

留学前は単に香りを流すだけだったので、問題がいくつか存在した。周囲の人にも匂いがわかる、前のシーンの匂いが残る、といったことである。

しかし、留学時に学んだ知識が、藤田に新しい発想を与えていた。彼が師事した教授は〝マイクロ流路〟という技術の専門家だった。マイクロ流路とは、シリコン基板やガラス基板の上にごくごく少量の液体が流れる経路を作る技術のことで、一般には、DNA研究や化学合成などの分野で使われている。この技術を応用すると、嗅いでいる人にだけ感じられるごく少量の香料を自在に放出できるようになる。流路を変えれば香料も変えられるから、素早く香りを切り替えることもできる。量が少なければ、周囲に匂いが漏れることも、前の匂いと混ざることも防止できる。

企画にあたって問題になったのも、やはり〝香りを作る〟ことだった。やってやれなくはないだろうが、コストも時間もかかりそうだ。

ふとそこで、発想を変えてみることにした。アロマテラピー向けのキャンドルや香料はすでにある。そうした香りを嗅ぐことも、十分楽しみとしては成立する。自分たちで香りを作るのは難しいが、すでにある香料を使って〝香りをエンタテインメントにする〟ことはできるのではないか、と考えたのだ。

「持ち運んで、香りを気分に合わせて切り替えて。自分だけが楽しめるようなものって、もしかしたら世の中にないものなんじゃないかと思い始めたんです。世の中にまだないけれど、ウォークマンがやったように、数年経つと当たり前のことになってしまわないか、と。これって文化を作れるチャンスですよね。単純に既製品を出すというよりも、その先の文化に貢献するような、エキサイティングな気持ちを感じたんです」

藤田はAROMASTICのコンセプトを〝香りのエンタテインメント〟に定めた。試作モデルは、社内の女性たちにも好評だ。なにより、〝周りには匂わない、自分だけのアロマ〟という製品は世の中にない。部署の名称は〝オルファクトリー（嗅覚）エンタテインメント〟と定めた。ソニーは映像に音楽、ゲームと、様々な〝エンタテインメント〟を手掛けてきた会社である。そこに嗅覚という新しい要素を追加しよう、というのが、藤田たちの野心だった。香りをエンタテインメントに昇華し、心の満足を実現するプロダクトを作れば、それはソニーのアイデンティティーにつながるのではないか、と考えたのだ。

もちろん、作るのは簡単なことではない。藤田が研究していたマイクロ流路の技術を生かし、香料を収めたカートリッジを製造することが重要になるのだが、そこでは、光を当てることで硬化する特殊な樹脂を使った3Dプリンターを活用することになった。一般にこうしたものは、金型を作ってそこに樹脂を充填して取り出す〝射出成形〟や、削り出しで作る〝切削加工〟、多数のフィルムを張り合わせる〝積層加工〟などの手法を使う。だが、それでは、香料をコーティングするマイクロ流路を作ることができない。流路の直径は数十～数百マイクロメートルと微細であり、また場所によって口径が複雑に変化するためだ。また、これまでマイクロ流路を使うような用途では、アロマオイルのような性質のものを流してこなかった。メディカル系のマイクロ流路で使われている素材なら、樹脂の射出成形で作れるのだが、そうした素材はアロマオイルを流すと溶けだしてしまう。製品版は5種類の香りを切り替える形だが、当初の想定は20種類（！）の香りを切り替えるものだったため、既存の方法ではだめだろう、という読みもあった。

そのため、複雑な形状でも作り出すことができる3Dプリンターが必要になった。ただ、通常の3Dプリンターでは、精度や生産速度の問題もある。そこで、ソニー社内の生産技術者と共同で、3Dプリンターを使いつつ、高精度かつ高速に、マイクロ流路を形成したカートリッジを生産する方法を開発した。クラウドファンディング支援者向けに出荷する際には、約3000個のカートリッジが、3Dプリンターから〝量産〟される。

〝香りガジェット〟の誤算

コンセプトも新しい。技術も新しい。社内での評判も、社外モニターの評判も良好。SAPのオーディションを通過し、クラウドファンディングに臨む際も、藤田たちは強い自信を持っていた。

だが、クラウドファンディングをスタートするも、出足は鈍かった。wenaやHUISがすぐに目標額を達成した一方、AROMASTICへの支援は伸びない。

藤田修二
ソニー株式会社
新規事業創出部OE事業準備室　統括課長

2009年東京大学医科学研究所にて博士号取得後、ソニー入社。研究所にて新機能材料研究に従事。2012年より米ハーバード大に留学。帰国後、嗅覚シグナルのVR応用可能性と流路技術からAROMASTICを発想。

AROMASTIC。自分にだけ好きな香りを切り替えながら、自分だけが楽しめる。サイズは口紅程度で、持ち運ぶのも簡単。〝ソニーの家電製品〟らしくないたたずまいの製品だ。

AROMASTICの試作品。内部にあるカートリッジから、それぞれの香りを導き、自分だけに〝香る〟仕組みになっている。カートリッジの製造には3Dプリンター技術を活用。

「ちょろーん、としか伸びていかない。正直、ヘコみました」

藤田は苦笑する。だが、クラウドファンディングがスタートするとき、「もしかすると、これはいままでのプロジェクトと同じようには伸びないかもしれない」という予見もあった、という。

ＡＲＯＭＡＳＴＩＣという製品の性質上、最初のお客様になってくれるのは、コスメに興味のある女性層だ。クラウドファンディングの募集は２０１５年11月20日にスタートしたのだが、その少し前、11月3日から、藤田は、アロマテラピー製品を多く扱う専門店〝ニールズヤード〟の表参道本店で、店頭に立ってプロモーション活動をしていた。製品のアナウンス前ではあるが、ＡＲＯＭＡＳＴＩＣに興味を持ちそうな顧客の多い店舗で、反響を確かめるのが目的だった。

「プロトタイプを見せながらご説明し、実際に試していただくと〝なるほど〟、〝いいね〟と言っていただけるんですけど、話だけの段階だと、わかっていただけないんですよ。使っていただいて初めて〝ああ、こういうものですか〟と納得していただけるようで。〝これはウェブサイトの映像や音楽だけじゃ、伝わらないんじゃないか〟と感じたんです。クラウドファンディング初期の不調は、それを実証してしまった形です。クラウドファンディングを始める前には、もちろん予備調査を行なっています。そこでは数字上、〝買いたい〟という人が十分にいる、という値は出ています。しかし、弊社役員に説明するときには、その数字だけでは信じてもらえなかった。〝たしかに買いたい、という人はいるようだけれど、本当に買ってもらえるのかな？〟って」

藤田は当時のことをそう振り返る。

クラウドファンディングは、〝買いたい〟衝動と〝買う〟行為の境目を、本当の意味で明らかにする仕組みでもある。ここでＡＲＯＭＡＳＴＩＣは、〝文字や絵では伝わらない〟という限界に直面した。

そうなると、やることはひとつだ。

藤田たちは、作戦を〝いかにＡＲＯＭＡＳＴＩＣを体験してもらうか〟ということに切り替えた。待っているだけで欲しい人がやってきてくれる性質の製品でないことがはっきりしたからだ。社内での体験会を開き、告知に協力してくれるメンバーを募る一方で、初期からサポートしてくれたニールズヤードはもちろん、伊勢丹や渋谷ヒカリエ、蔦屋家電といったショップにも協力を依頼した。ソニーの販路とは異なる領域だが、藤田とチームメンバーは一体となり、自ら足を運び、販促の現場に立った。

藤田は学生時代から研究一筋にやってきた。大学院で博士号を取得してソニーに入ってからも研究畑である。入社以降はもちろん、学生時代のアルバイトでも、セールスの現場で矢面に立たされた経験はない。

「正直、最初は辛かった。お客様にどう話しかけていいかもわからず、汗をかくばかりで。

チラシも全然減っていかない」

藤田はそう言って笑う。動き回るうちに、いろいろなことがわかってくる。似たようなものだと思っていたのに、蔦屋家電と渋谷ヒカリエとニールズヤードでは、顧客の性質がそれぞれ異なること。100人連続でチラシを無視されても、次のひとりが受け取ってくれて元気が出てくること。理解してもらえれば、クラウドファンディングのことをまったく知らない人が、その場でスマートフォンを開いて、クラウドファンディングに申し込んでくれる場合だってあること。そして、そこまで理解していただくには、〝きちんと説明する〟ことが必須であること。

モノを売る、という視点に立てば、ある意味で当然のことかもしれない。だが、藤田たちはそのことを肌で学んでいった。

「2015年の大晦日は、蔦屋家電で体験イベントの現場に立っていましたね。そして深夜には、伊勢丹のご担当者にメールを書いて。そのうちに年が明けた、という感じでした」

現場での奮闘や、各種メディアへの売り込みなども功を奏して、クラウドファンディングへの募集も伸びてゆく。募集締め切りの2016年1月20日には、目標額を11％超える、981人からの募集を集め、クラウドファンディングは、〝達成〟という形で終了した。年末にかけての彼らの努力がなければ、クラウドファンディングは成功せず、プロジェクトは終了になる可能性もあっただろう。ギリギリの状態での〝達成〟であった。

SAPが目指すものの正体

クラウドファンディングでのサポート募集は、必ず達成するとは限らない。一般的なクラウドファンディングの場合、目標額まで集まらない例も非常に多い。

First Flightは、ソニーが新規事業のために行なうクラウドファンディングだ。一般的なクラウドファンディングは、資金のないスタートアップ企業が、プロモーションと資金集めの両方を兼ねて行なうものである。ソニーのような大企業の場合、資金面は本来、問題にならない。経営状況がどうあれ、スタートアップが必要とする、数千万円から数億円の資金を出せないはずがない。そのためFirst Flightには「意味がない」、「ある種のやらせ。集める金額も、成功するのが保証されている程度のものを目標にしており、失敗は想定していないのだろう」と言われることも多かった。

だが、SAPとFirst Flightに関わるメンバーは一様にそうした指摘を否定する。目標金額は真剣にリサーチした結果として設定された値だ。AROMASTICについても、結果的になんとか成功したが、失敗する可能性も十分にあったし、その時には事業見直し、という予定だった。目標額の10倍を集めたwenaにしても、単純に喜んではいられない。

「まず問題になったのは、これだけ支援をいただいたのはいいけれど、本当に需要の分だけ生産できるのかということ。出荷できなければ意味がないですから」

ｗｅｎａ担当の對馬はそう説明する。需要増加にこたえるため、生産量に合わせ、届ける時期をブロックに分け、そのブロックごとに生産したうえで、申込者には「いつ届くかをきちんと通知する」というやり方が採られた。

ＳＡＰを通過したプロジェクトでは、製品化に向けたプロセスも、それを販売する時の収益性も、すべてが〝同じチーム〟で判断される。ＡＲＯＭＡＳＴＩＣのチームが店頭に立ったのも、ｗｅｎａのチームが需要対策を検討するのも、そのためだ。予算もすべて規模に応じて定められており、〝自分が提案したプロジェクトに関連することは、すべて自分たちで面倒を見る〟システムになっている。これは、ソニーのような大企業で採られる手法ではなく、スタートアップ企業がソニーの中に生まれているようなものだ。

通常、ソニーのような大企業で事業化する場合には、製品の開発を担当事業部が行ない、その販売を販売担当部門（もしくは販売会社）が行なう。分業形式であり、ひとつの製品の売り方や行方について、すべての面を担当する人間はいない。大量に売れる製品を開発し、それを世界中にある量販店で販売するには、担当領域を定め、かつ分業で行なうのが効率的であり、そのために、〝大企業〟というシステムが存在している。

だがＳＡＰのプロジェクトでは、ソニーが持つ〝事業部〟の仕組みからは完全に離れてビジネスが回る。通常は社内の別々の部署として存在する商品の企画も、それを製造するための技術の手配も、ビジネスプランの策定も、販売促進もすべて、製品を企画したチーム自身が担当する。

既存事業部の事業領域とは重ならず、しかも展開がしにくいプロジェクトを選抜し、企画者たちの責任においてビジネスへと立ち上げていく。

これが、ＳＡＰの目指すものの正体だ。

ではなぜ、そのような仕組みをソニーは必要としていたのだろうか。それを考えるには、ソニー社長である、平井一夫が抱えていた課題を知る必要がある。

第二章

ソニーを侵した大企業病

SONY

持ち込まれる新しいアイデアが〝多すぎる〟ジレンマ

2012年4月、平井一夫はソニーの代表執行役 社長 兼 CEOに就任した。ソニーの不振は長く続いており、'11年度の純損失は4567億円。赤字体質を改善して経営の健全化を図ること、すなわち〝止血〟が、まず最初に平井に課せられた使命だった。

一方で、平井は悩みを抱えるようになっていた。

「ある意味贅沢な悩みですが、社員から〝いろいろアイデアは持っているんだけれども、それをどうしていいかわからない〟という声を多く聞くようになっていました」

平井は2009年4月より、ソニーに執行役EVPとして着任した。その前は、ソニー・コンピュータエンタテインメント（SCE。現ソニー・インタラクティブエンタテインメントLLC）のグループCEOとして、ゲーム事業を率いていた。CBS・ソニー（のちにソニー・ミュージックエンタテインメントに改称）入社以来、エンタテインメントビジネスに携わってきたが、最終的にはソニーグループ全体を統括する立場にまで上り詰めた。

平井が大切にしていたのは、現場を回ることだった。SCE時代から頻繁に現場を回る方針だったが、ソニー社長就任後も、各地の生産拠点や開発拠点を回り、社内の状況把握に努めてきた。その過程で感じたのは、「ソニーにはいろいろなアイデアを持っている人々があ

平井一夫
ソニー代表執行役 社長 兼 CEO

1984年CBS・ソニーに入社。1995年ソニー・コンピュータエンタテインメントに移籍、北米のゲームビジネスの責任者となり、2006年に同社代表取締役社長に、2012年4月に、ソニー代表執行役 社長 兼 CEOに就任。

ふれている」ということだった。もっと言えば、「自由闊達で、ソニーらしい商品やアイデアをどんどん世の中に出せる、という雰囲気に憧れて入社したけれども、（社内の仕組みが複雑で）自分が持っているアイデアをどう形にしたらいいかわからない」そんな悩みだ。

なぜそうなるのか。平井にはもちろんわかっていた。

当時、ソニーは構造改革の真っ只中にあった。コストカットが最優先であり、各事業部内には「いまは新しいことをするのは難しい」という雰囲気が蔓延していた。彼らには、年末や春先など、決まった時期に出さねばならない製品が存在する。売上を立てるにはそれらをいいものにしなければならない。一方で、そこに新しい仕組みを持ち込むには、相応の理由が必要になる。理論武装もなしに企画を提案したのでは、上司から大量の疑問をぶつけられ、いわゆる〝千の質問による死〟を迎える。

もっとシンプルな問題もあった。自分が所属する事業部に関するアイデアであれば、上司に相談すればいい。だが、自分の所属する事業部と関わりのない、まったく新しいアイデアであった場合、どうすればいいのだろう？　それを持ち込む場所はどこになるのだろう？

平井が社内での対話に赴くと、そうした悩みが必ず持ち込まれたという。

「〝これは面白い。いつ製品にできるの？〟と問いかけてみても、〝これは事業部ではすぐに製品化できない、と言われていて……〟と言われたこともありました。だからなんとかしな

くては、と」（平井CEO）

また、同時に困ったことも起きていた。どこにアイデアを持ち込んでいいかわからない、という問いと同時に、アイデアを平井自身に〝直訴〟する例が増えていたのだ。

平井は技術者出身でも、エレクトロニクス事業出身でもない。だが、自身は新しい技術や製品が好きでたまらない。ソニーの研究開発部門や商品開発の現場に行くことは、平井にとってなによりの楽しみであり、そこで新技術を目にしたり、新製品を提案されたりするのも、ソニーという13万人企業の舵取りにおいて非常に大きなことだった。だから、自身にビジネスプランが直訴された場合には、平井はできる限りそれに対応するつもりでいた。

しかし、その数は予想を超えて多すぎた。

2012年当時、平井はエレクトロニクス事業の立て直しと止血のために奔走していた。きわめて多忙であり、すべてを聞く時間を作れる状態ではない。CEO室 室長・シニアゼネラルマネジャーという立場で、平井のすぐそばで右腕として働いていた井藤安博は、当時を次のように振り返る。

「当時の〝20階〟は、構造改革一色。とても新規事業に関する話は、入り込む余地もない。結果、企画を持ち込みに行くところがないものですから、社長の平井が直接、あるいは、どうしても時間がないから私が代わりに聞くことになります。我々が、ちょっとした駆け込み寺になっていたんです。しかし当時の平井は、いまに比べてもさらに激しいスケジュールで忙殺されていて、本来は新規事業の精査に割ける時間などない状況です。しかしそれでも、いろんな社員が単発でいろんな企画を持ち込んでくる。間近で見ていて、全部社長が受けるべきかどうか……と思うくらい、もう玉石混交なんです」

〝20階〟とは、ソニー本社の20階にあるエグゼクティブフロアのことだ。社長室や各重役室、専用会議室の他、グループ全体の戦略を検討・統括する部門が集まっている。ソニーという企業を運営する機構が20階に集まっている、という言い方もできるだろう。2012年はソニーの構造改革にとって最も重要な時期であり、平井にとっても正念場であった。〝20階〟の住人にとっては、目の前にある課題であるエレクトロニクス事業の止血こそが最重要課題であったハズだ。

それでも、平井以下、井藤を中心としたCEO室のチームは、全社から持ち込まれるアイデアに対応していた。しかし、その対応には、本質的な問題が存在していた。

「ミーティングの時間は、ひとつの案件につき30分程度しか用意できません。話を聞くだけでも、〝これはいいかも〟とか、〝アイデアは面白いけれども、このメンバーだけでは難度が高い。あの事業部にお願いしてみたらどうだろう〟とか、フォローしたいことはたくさんありました。また、エンジニア中心のメンバーで来ると、技術に関するプレゼンに偏って、市場性に関する煮詰め方が足りないケースが多い。平井にGoかNo goかを判断してもらう段階ではない。そうしたことを、時間的な余裕がない、という理由だけで、埋もれさせていいものかどうか。ずっと悩んでいましたし、困ってもいたのです」

アイデアが出るということは、それだけソニーに人材と技術がある、ということでもある。一方で、アイデアはアイデアであり、そこから事業化するには、様々な検討が必要になる。そこで「問題があるからやるな」というのではなく、可能性があるアイデアを生かして、新しいアイデアを付け加え煮詰めて伸ばす必要がある。井藤が言うのは、そうした方向性だ。持ち込まれるアイデアのうち、いいものをピックアップして伸ばしていきたいが、当時はそのための時間もなく、仕組みもでき上がっていなかった。

〝過去のソニー〟の呪縛

こういった個人発の製品企画の話になると、ソニーには必ず出てくる逸話がある。ソニーOBからは、次のような伝説がしばしば語られる。

「新しいプロジェクトは、上司に隠れて勝手にやるもの。それが形になりそうだったら、トップに直接見せてＧｏを得る」

「勝手に作っていたら、〝それいいじゃないか〟と声をかけられ、ヒット商品につながった」

トップが技術を見る目を持っていたため、現場が考えた新しいプロジェクトを発掘する能力があり、また現場も活発に新しいアイデアを考え続けているため、そこから特別なものが生まれる。そうした相互作用が、ソニーがヒット商品を連発する源泉になった、というものだ。

1960年代、ソニーは〝モルモット〟と呼ばれたことがある。他業界に先駆けて新しい技術を試すものの、それを他社が模倣し、さらに大きな果実を得ていることを指してのものだ。そう呼んだのは、評論家の大宅壮一である。大宅の評に対し、当時のトップであった井深大は、「先を走ることを揶揄されるとは」と憤慨したという。だがそののち、こう語るようになったという。

「技術の使い道は私たちの生活の周りにたくさん残っている。それをひとつひとつ開拓して、商品にしていくのが〝モルモット〟だとすると、〝モルモット精神〟もまた良きかな」

ソニーがリスペクトされてきたのは、そうした〝先頭を走る意欲〟が社内に息づいていたがゆえである。社員による勝手プロジェクトの伝統は、モルモット精神の発露といえる。ソニーの自社クラウドファンディング・First Flightでデビューした『AROMASTIC』開発責任者の藤田が2012年に手掛けていたのは、〝バーチャルリアリティーへの香りの応用〟という、文字通りの勝手プロジェクトだ。彼の当時の所属は純粋な研究開発部門だったから、最終製品を担当する部署ではない。それでも、面白いと思ったらプロトタイプを作らずにはいられない。興味に応じてそうしたプロジェクトを進めていく発想力が、現場を回る平井に提案される、数々のアイデアの元になっていた。

けれども、ソニーOBからの声は、2000年代以降のソニーにはそうした〝ボトムアップで生まれてくる新しい種〟をピックアップする能力がなくなった、という指摘であり、トップの能力の欠如を指弾するものと言える。そうした声があることを、平井ももちろん承知しているハズだ。だからこそ、積極的に現場を回り、関係構築に努めてきた。それはソニーのトップになったから、ということではなく、SCE時代からのやり方であった。

一方で、過去のソニーに関する言説には、ひとつ盲点がある。いまのソニーと過去のソニーでは大きく違うところがあるからだ。

それは企業としての〝規模〟だ。

ソニーが伝説に彩られており、まさに黄金期を迎えようとしていたのは、1980年頃と言えるだろう。その頃、ソニーの従業員はグループ全体で3万8555人だった。それが、最も規模が大きかった2000年には、18万9700人にまで増えている。エレクトロニクスが中心であったソニーは、ゲーム・映画・音楽などのエンタテインメントや、金融までを手掛ける広範な企業体に変わった。構造改革によるスリム化で、2015年度末には従業員数は12万5300人まで減っているものの、それでも、30年前のソニーとはまったく別の会社である。

「私は、新しいことをするのが好きな人間です。だから〝そういうこと〟についても、私がやらなきゃ誰がやるの？　というつもりでいました。

ですが、どちらかというと守りに入ってしまった時期に社長になりましたから、会社の状況として、新しいアイデアやビジネスを、ゼロから作るメカニズムに欠けていました。SCE時代は組織が小さかったし、商品点数もソニー全体に比べて圧倒的に少ない。ですから、一挙にシステムとして立ち上げてどうやって市場に持っていくか……ということが、自由にできました」

平井は社長就任後、エレクトロニクス復活のために〝徹底した商品力強化〟を打ち出した。テレビ事業やPC事業を分社化するなどの厳しい施策を打ち出し、商品点数の削減に力を入れる一方で、販売される製品の性能はもちろん、デザインやパッケージの改善にも力を尽くした。

「商品のモノ作りに対するリスペクトが、少々薄くなってしまった時期があったんじゃないか？ 価格やスペックだけで競争しても、他国のライバルに負けるに決まっている。ソニーが昔から持っているDNAであるとか、デザインやたたずまいなどの〝感性価値〟を上げなければいけない」

あるとき、平井は筆者にこう語ったことがある。平井の古巣であるゲーム分野では、プレイステーション4が破竹の勢いでヒットしており、業績の回復に大きな役割を果たしている。残念ながら、それ以外のジャンルでは、一気に状況をひっくり返すようなヒット製品はまだ生まれていない。とはいうものの、ソニーのエレクトロニクス製品については、ヘッドホンからテレビ、スピーカーにカメラまで、品質やデザインが評価され、単価の高い製品がより売れるようになっている、という事実がある。地道ではあるが、エレクトロニクス事業の改善は続いており、一定の成果が見えていると感じる。

その一方で、平井がジレンマと感じていたのが、〝新しい技術やアイデアの発掘〟である。30年程前と比較すると、社員数は3倍以上を抱え、事業領域についてはさらに広範なものに姿を変えたソニーにおいて、社長がアイデアを吸い上げ、ビジネスとしての形を整えて〝離陸〟させるのは難しい。

これはソニーだけの問題ではない。

社長などのトップ交代が起きると、社内の不満や新しいアイデアを集めるために、いわゆる〝目安箱〟を設置するという話が出ることが多い。だが、そうした行為がうまくいった、という話はあまり聞かない。声を集めることはできても、それを実効性のある形までもっていくのは簡単なことではない。そして、声を集めても実現できなければ、集めた側の指導力・実現力が問われる結果になる。

アイデアを〝公平にピックアップ〟する仕組み

平井は、自らが目をつけた技術について、できる範囲で製品化するために新規事業開発を始めた。2012年中に、平井は〝TS事業準備室〟を立ち上げた。まずはAVの分野で、既存の事業部のビジネスでは収まらないものの、新しい可能性を持つ技術をピックアップし、製品につなげる意図があった。この動きからは、『Life Space UX』というプロジェクトが生まれた。プロジェクターなどの独自技術を中核に、生活空間のあり方を問い直す製品群だ。

最初の製品は、2014年1月、アメリカ・ラスベガスで開催された家電展示会・インターナショナルCESの基調講演で発表された『4K超短焦点プロジェクター』がそれだ。一般的にプロジェクターは、映像を投射して映すものなので、投射する壁までにそれなりの距離を必要とする。だが、Life Space UXで提示された4K超短焦点プロジェクターは、壁から約17センチメートルしか離れていない場所に設置しても、147インチ・4K解像度の大画面を表示できる。実はこの技術こそ、平井が最初に参加した、技術開発部門からの新技術説明会でピックアップした、〝埋もれた技術〟だった。

インターナショナルCESの会場で、筆者は平井にインタビューしている。社長就任から1年半以上が経過し、攻めに転じようとする時であり、同年のCESの基調講演を平井が務めるという、象徴的なタイミングでもあった。

「ソニーの中で、新しい、面白いものを出すことを躊躇《ちゅうちょ》する動きがあります。でも〝もっとやっていいいんだ〟、というか、〝やんないでどうするんですか？〟くらいに、自分では思っているんですよ」

当時、平井はそう語っていた。

しかし、その1年前に、平井は〝新しいものをピックアップする仕組み〟に悩まされていた。

本書執筆のインタビュー取材のなかで、平井は自身にアイデアが持ち込まれることについての功罪をこうも説明している。

「きちんとしたゲートが用意されていて、それを通過しなかった理由がわかれば、〝今回はダメです〟と言われた人も納得するんです。なるほど、これはこういう所が到らなかったから、もう一回チャレンジしよう……。そういう気持ちになります。システマチックにやらないと、別の感情が出てきます。上役が〝そういうアイデアは嫌いだ〟と言って突き返すのはいけない。〝俺は素晴らしいアイデアだと思うのに無視された〟と思い、いつまでもぐるぐると空回りしてしまう。今回はＮＧですと言われても、納得感があれば次で前に進めるんですよ。ＮＧのアイデアにフォーカスするのはマイナスのように思えますが、そこが非常に大切です。納得するプロセスを経るから、新しいアイデアでもう一回再チャレンジ、というプロセスに進めます。能力や発想がスタックしない、という意味でも、このプロセスは重要なことです」

たまたま平井が目にした技術やプロジェクトだけをピックアップしていくのは、ある意味で不公平でもある。

個人に〝直訴〟の形でアイデアを持ち込むということは、どうしても判断が属人的になる。

「社長の目に留まってアイデアが抜擢された……」と言えば聞こえはいいが、「社長の覚えめでたく」といえば、まったく逆のニュアンスに聞こえる。アイデアの優秀さではなく、政治力や人脈でビジネス化をもくろむ人が出てきては、本末転倒だ。

好き嫌いや好みは誰にでもある。だが、ビジネスの可能性を評価するときに、属人的な部分だけで評価されるのは、必ずしも正しくない。決裁者の好みではなくても、大きな可能性を持ったビジネスに発展することもあるからだ。

ここで、改めて冒頭を思い出してもらいたい。

社内に存在する「マグマのように沸き立つアイデア」（平井ＣＥＯ）を、ビジネスの形にまで引き上げるためのシステマチックな制度こそが、第一章で紹介したＳＡＰの正体である。だが、その成り立ちを説明する前に、もうひとつの課題について触れておかねばならない。

平井は、ＳＡＰのことを語るとき、こんなことも口にした。

「最初から何十人・何百人という人が関わり、数億円・数十億円という売上を立てないといけない、というシナリオは、１９７０年代・１９８０年代くらいまでは良かったかもしれません。そういう形でなければ、商品が出てこなかった。しかし、いまは〝必ず何十億（円）売らなければならない〟という目標設定自体が、時代に即していないとも言えます。そういうビジネスがすべてではなくなっているのです」

巨大なチーム対小さなチーム

スマート腕時計『ｗｅｎａ』を担当した對馬は、ｗｅｎａを作る過程で得た知見について、次のように語っている。

「学生時代から、ずっと疑問に思っていたことがあります。大企業というのは、１０００億円をかけて10万人の市場を攻めていくのが中心です。でも、10億円をかけて１０００人の市場を攻めるチームを１００用意することも、結果的には同じコストと同じ人員の組み合わせであるはず。なのに、それがなぜできないんだろう？　それはずっと疑問に思っていました」

もっともな疑問である。だがこれこそが、従来の仕組みの中では新しいものが作りづらい、根本的な原因でもある。

掛け算だけで言うと、大きなひとつのチームと小さな10のチームでそれぞれ10の製品を作ることは同じに見える。しかし、それを市場に出す、ということを考えた場合には、まったく異なる条件がいくつも存在する。

たとえば製品を構成する部材の調達。１００万個の製品のために1種類の部材を調達する時には、数量が多いことを背景に交渉を行なうことになる。これが10分の1の数で10種類を調達することになれば、交渉の仕組みは完全に変わる。しかも、〝10種類の製品〟で求められる部材が同じ種類、たとえば液晶パネルのサイズ違いであるなら話は簡単だが、10のまったく違う製品であると、調達のためのルートは10倍に増える。

一方、製造不良対策は逆の考え方になる。100万個の製品で0.1パーセントの不良率だとすれば、実際の不良はそれでも1000個。これでは多いので、さらにずっと低い値を目指すことになる。だが、そもそも製造する数量が1万個しかなければ、不良率が同じ0.1パーセントならば、不良は10個になる。製造において、不良はゼロを目指すべきものだが、現実問題としてそれは難しい。だとすれば、実際に処置しなければならない不良品の数がいくつになるのか、ということで、検品コストも、販売後のサポートコストも大きく変わってきてしまう。

「そもそも、両者では考え方が違うんです。開発以外でも、量産体制にしても販売体制にしてもカスタマーサポート体制にしても、すべての所で〝100万台基準〟で全部やってしまうと、固定費がかさんでしまう。でも、新しい物を作って新しい市場で勝負する場合、最初の市場は小さいじゃないですか。そこで〝100万台基準〟の固定費をかけると、勝負ができない。なので、アイデア自体がつぶれてしまう……。これが大企業のスタートアップの現状なんだな、というのが、よくわかってきたんです」

對馬はそう説明する。

これこそが、平井が言った〝時代に合わないやり方〟であり、〝新しいアイデアが事業部の中でつぶれていく〟理由なのである。

〝事業部制〟の本質とはなにか

現在のソニーは、他の多くの家電メーカーと同じく事業部制を敷いている。製品のジャンルごとに部門を分け、そこに多数の人員を配置する。研究開発には研究開発の部門があり、生産には生産の部門がある。そして、事業部が企画して商品化した製品は、販売担当部門、もしくは販売会社（販社）が店頭へと流通させる。レイヤーごとにすべきことを最適化・細分化するのが、事業部制の特徴である。

これは、家電メーカーにとっては必要な統治機構だ。家電メーカーは、〝多ジャンルにわたる多品種の商品〟を、〝大量に生産して安価に販売する〟ことを目的とした企業であるからだ。

たとえばテレビひとつとっても、要素は多様だ。

65Ｖ型の高級４Ｋテレビもあれば、24Ｖ型の個室向けで安価なテレビもある。同じサイズでも予算に合わせ、複数のグレードが用意される。各国の放送事情・テレビへの要求は異なるため、国ごとに製品は変える必要がある。購入前の顧客からの問い合わせに答えるには、それぞれの製品のことがわかっていなくてはいけない。また、製品の使い方に答えたり、故障時に対応したりするカスタマーサポートも必要だ。

技術的に見ても、テレビの要素は多岐にわたる。テレビの主要部品となる液晶パネルは、それを製造するメーカーから調達するのが基本。だが、液晶パネルを光らせ、映像を構成するために必要な『バックライト』や、色を出すための『カラーフィルター』、表面を守るための『カバーガラス』といったものは、それぞれ別のメーカーから調達する。製品を差別化するためには、それらのうちのいくつかを自社開発し、他社製品にない要素を付け加える必要がある。テレビの中身はほとんどコンピューターであり、それを動かすためのシステムLSIの選定と開発、そこでテレビを動かすためのソフトウェア開発も当然必要となる。多くの部分が自社内で行なわれるが、他社が開発したコンポーネントを調達して組み込む場合も多い。

そして、テレビの周辺には多数の製品がついてまわる。スピーカー、機器との接続に使うケーブル、ブルーレイ・レコーダー、予備のリモコンまで、価格もジャンルも様々だ。

これだけの多彩な要素をコントロールするには、商品企画・部材調達・ソフト開発・製品物流など、多数の要素について、それぞれの担当部門を作り、チーム同士の連携として製品全体を世に問うていく必要がある。

他社と戦っていくには、そのようにして作った製品を、地域や時節に合わせ、戦略に合わせて展開していくことも、また重要である。売らなければ売上には結びつかない。

市場のニーズに合わせ、多種多様な製品を作り、しかもできる限り大量に販売するための仕組みが〝家電メーカー〟である。それを実現するには、いかに効率的に分業し、滞りなく製品に反映するかが重要といえる。

その使命はいまも変わっていない。テレビが売れなくなった、ビデオカメラが売れなくなった、と言われるが、〝不要になった〟わけではない。市場は厳然として存在しており、そこにいる人々に向けて商品を販売することは、家電メーカーの最も重要な責務だ。だから、事業部制で製品を作ることそのものが間違いなのではない。

一方で、既存の家電ジャンルが売れづらくなっているのも事実である。中心にいるのは、ご存知の通りスマートフォン。スマートフォンは、個人に属する多くの家電を巻き取っていった。オーディオプレーヤーやカメラが最初に巻き取られ、次にPCが巻き取られた。リビング向けのテレビはいまだに元気だが、個室向けのテレビの市場規模は激減した。ゲームについても、ゲームそのものを趣味とする層からはゲーム機への支持が厚いものの、「暇な時間にちょっとゲームでも」というライト層の需要は、多くがスマートフォンに巻き取られた。

スマートフォン時代の〝売れる商品〟

現在の家電にとって重要なのは、スマートフォンではできない体験を提供することであり、スマートフォンと共に使うとより良い体験になることだ。カメラについては、スマートフォンよりも高画質で本格的な画像が撮れるものにシフトしてきたし、オーディオ製品でも、スマートフォンと接続して使う高音質ヘッドホンが売れ筋だ。プレイステーション4が世界市場でヒットしているのも、スマートフォンで体験できるものとは異なる、より質が高く、濃い体験を得られるからである。

これらの事実が示すポイントは2つある。

ひとつはスマートフォンが中心になってきた以上、〝圧倒的な数を売る〟ための効率を重視する製品は、あくまでスマートフォンになった、ということだ。たとえばアップルは、iPhoneを年間に2億台以上販売する。そのバリエーションは数種類しかなく、1種類あたり最低数千万台を生産する。この場合には、これまでのテレビやPCの比ではない、量産を志向した生産体制が必須になる。

ただし残念ながら、そうした量の生産を求められているのは、アップルやサムスン、シャオミにファーウェイといった、トップグループの数社に限られる。ソニーを含めた日本企業はトップグループにはいない。彼らよりはずっと少ない量でありながら、彼らに勝るとも劣らない品質の製品を作ることで戦わねばならない。

2つ目は、より質が高く、濃い体験を得られる機器は、どうしても高価になるため、販売数量は減る、ということだ。それはなにも悪いことではない。もはや薄利多売では、日本企業は勝てない。安いだけならば、日本メーカーより中国系メーカーの方が圧倒的に優位である。利益率が高い高付加価値製品で戦うのは正しいやり方だ。〝濃い体験〟の中には、プレイステーション4のようなプラットフォーム型のビッグビジネスもあるが、むしろこれは例外である。大きなニーズを多数発見できればそれに越したことはないが、それが難しいからこそ、各社は苦慮している。

しかし、数が減った〝濃い体験〟で戦うということは、一方で平凡な戦い方はできないことを意味する。画質や音質、デザインといった、ある意味リニアに伸ばしていける要素はまだいい。だが、新しいニーズをくみ取ったり、他が見つけていないアイデアで戦ったりするには、よりスピード感が大切になる。

ソニーのような大規模家電メーカーの仕組みは、台数を売ることに特化していた。主要商品において、そこでの軸が〝台数ではなく、付加価値〟になった以上、同じ事業部の中で100万台基準のチームと1万台基準のチームが同居できるのが望ましい。しかしそれは、對馬が気づいたように、100万台基準のチームの強みを消すことにもつながる。時代が変わったとはいえ、いまも数を売る家電の価値はある。そうしたものを作っているチームから見れば、1万台基準のアイデアだけを持ち込まれても、動きようがない。

各事業部は、毎年決まった時期に、世に送り出す必要がある製品を抱えている。ビデオカメラは新入学や運動会のシーズンの前に新製品がなければいけない。テレビはボーナスシーズン前に新製品があるべきだ。年末のホリデーシーズンに向けては、消費者の財布の紐が緩むような、魅力的な製品を用意する必要がある。そうしたシーズンに合わせた製品作りは、毎年計画的に取り組んでおり、常に〝来年の製品〟、〝再来年の製品〟を動かしている状態である。そこに、発売時期も決まっていない新しいアイデアのものを割り込ませるのは、計画通り製品を作っている人の側から見れば、好ましいことではない。

ソニーは2012年当時、構造改革の真っ只中だった。事業部の中の無駄を精査することが求められている中で、〝1万台基準の新しいモノ作り〟への投資に積極的になるのは難しい。社長の平井が新しいことをしたい、と思っていたとしても、それを改革中の事業部に強いるのは、ある種の二律背反にもあたる。

また、100万台の製品を作るための1000人のチームは、組織が大きいため、どうしても動きは鈍くなる。年間計画をしっかり立て、18ヵ月・24ヵ月といった長期スパンでビジネスに臨むのは、組織の大きさゆえに付きまとう速度感を計算に入れた上で、それでも問題が起きないようにするために必要なことでもある。しかし、1万台の製品を作る場合には、そこまで巨大なチームは必要ない。というよりも、100万台の製品からの売上があれば1000人を養うことができるが、1万台からの売上では養っていけない。小さな数で売る製品では、必然的にチームは小さくならざるを得ない。

チームが動くということは、毎分毎秒費用が発生している、ということでもある。大きなチームでも小さなチームでも、オフィスの維持運営には一定のコストがかかる。そうした固定費の部分は、チームが大きくなると必然的に大きくなるものの、従業員ひとり当たりにかかる費用は薄くなり、効率的な運用が可能になる。しかし小さなチームでは、ひとり当たりのコスト負担は決して小さくない。たとえば、ネズミのように小さな生物ほど、常に動いて、食べていないと生きていけないものだ。チームのサイズの違いは、そうした部分に似ている。大きなチームに最適化された〝事業部〟という仕組みの中では、小さなチームは必ずしも効率が良くない。

また、チームを作るには、人員を配置し直す必要もある。小さいチームといえど、モノを作るからにはいろいろな技術が必要だ。冷徹な事実として、どの部署においても、優秀な人材は限られている。素早くある種の目標を達成するには、優秀な人材を充てるのが望ましい。だが、既存のチームから見れば、中核となっているエース人材を新しいチームに〝引き抜かれる〟可能性にもつながり、面白いわけがない。

事業部という組織体にまったく価値がなくなっているなら、話は簡単だ。解体して小さなチームだけの会社になればいい。しかし、会社の屋台骨を支えているのは、相変わらず事業部であり、その組織の力が生かされた製品がソニーを支えている。だからこそ、同時に新しいことをすると、利害対立が起きることは避けられない。

日本の大企業が直面する、社員の〝アカウンタビリティ〟の育て方

平井は、自らが経営をしていく上で重視していることを「アカウンタビリティだ」と言う。アカウンタビリティは、日本語では〝説明責任〟と訳されることの多い言葉だが、英語での意味は少々違う、と筆者は考えている。自分がやろうとしていることについての説明責任を果たすことはもちろんだが、行動そのものに責任を持つことも含まれる。

新しい製品や事業のアイデアを持ち込まれることを、平井は歓迎している。一方で、それがアイデアでとどまっているのでは、「事業を進めていくために必要なアカウンタビリティを果たしていない」とも言う。

「新しいアイデアやコンセプトを持っているみなさんにも、実はアカウンタビリティがあります。自分は素晴らしいアイデアだと思うこと、〝これで世の中を変えるんだ〟という意気込みを持つことは、素晴らしいことなんです。しかし、それを直訴し、単に〝これは素晴らしいアイデアなんです〟と話しているだけでは、なにも始まらない。素晴らしいアイデアであることは重要ですが、そのアイデアを本当にビジネスにつなげるためには何が足りないか、もしくはどこを精査しなければいけないかを、ちゃんと考え抜いてブラッシュアップする必要がある。それが、アイデアを持ってくるみなさんが持つべきアカウンタビリティなんです」

事業に関するアイデアは、あくまで〝事業〟になって初めて完結する。だからこそ、アイデアの段階を超えて、事業化したときになにが必要か、そこでどのような課題があるのかまで考えることを、平井は求めている。

これは、〝この理由で実現できない〟というダメ出しではない。〝やるとするならばどういう条件が必要なのか〟という前向きな問いだ。

筆者は、ソニーの現場技術者から、こんな話を聞いたことがある。

「平井さんに新技術をデモすると、すごく喜んでもらえる。一方で、〝では、これはいつ商品化できるのか。商品化するにはどんなハードルがあるのか〟と質問をぶつけられる。いままでみたいに、〝がんばって〟のひと言じゃない」

そのことを平井にたずねると、笑いながらこう答えた。

「確かに、毎回聞きます。あまりに毎回聞くので、資料には必ずそれを書いてくれ、と言うようになりましたよ」

これも、平井の言うアカウンタビリティの一環なのだ。見方によっては、「事業化を急ぎすぎている」との指摘もあるかもしれない。だが平井はこうも言う。

「ソニーは企業であり、収益の可能性につながらないものを研究してもらっても困ります。すぐとは言わない。いつなのか、どういう形になるのかを、答えてもらう必要があります」

また事業部の中で、新しいアイデアを昇華させられるなら、それに越したことはないだろう。だが、事業部には目の前の仕事もある。自分たちの製品計画や市場の中に組み込めるものならば、新しいアイデアに耳を傾けることもできるだろう。だが、市場性もまだ見えず、自らの事業部にもマッチしていない製品について提案されても、門前払いになりかねない。

だからこそ、誰かが新しいアイデアを思いついても、どこにも持っていくことができず、悶々とする社員が増えてしまうのだ。

そうしたことが続くと、新しいアイデアを抱えている社員は、会社に幻滅していく。「新しいこと、面白いことができるはずだったのに、この会社はそういうところではなかった」と考え、別の会社へと移って行ってしまうのだ。

かといって、アイデアを聞くだけ、ということでは意味がない。それでは単なるガス抜きだ。ソニーに求められているのは〝新しいヒット商品を生み出す〟ことであり、本来、新しいアイデアにはその種がある。いいものをピックアップし、育てることが必要なのだ。

平井とともに、社員から〝直訴〟される新しいアイデアのヒアリングを担当していた井藤(CEO室長)は、筆者の質問に率直にこう答えた。

「結局うちの会社の中には、新規事業を立ち上げるためのノウハウや作法、基本動作みたいなものの教育が行き届いていないのだな、と思いました。いい素材を持った人材でも、やっぱりある程度つきっきりでフォロー体制を作って、コーチングし、鍛えていって、節目、節目でトップに見せるというふうにしないと、ビジネスまではなかなか結びつかない。

平井は〝新規事業に集中して時間を使ってください〟となれば、朝から晩まで事業育成に打ち込むと思うんです。けれど、こんな企業のトップが、しかも会社立て直しの最中に新規事業に割ける時間には限界があります。単発でいくら会っても、社員を励ますことはできるけれど、フォローをすることは難しい」

すなわち、平井が求める〝新しい事業アイデアに求められるアカウンタビリティ〟を醸成するための仕組みが、当時のソニーには欠けていた。

まだ市場性が小さなアイデアを公平にピックアップし、素早く事業化する仕組みが、ソニーに必要とされていた。

2012年を通し、平井は構造改革に邁進した。業績的には、その成果は2014年頃から見え始めるのだが、まず2012年中には、緊急性を求められる施策への方針を定め、実行に移した。2013年からは、ソニーの売上を高めていくための〝攻めの姿勢〟が必要だった。そのためにも、新しい事業アイデアを効率的に吸い上げる仕組みが求められていた。

それこそが『SAP』なわけだが、成り立ちは一風変わっている。

SAPの素案が平井のもとにプレゼンテーションされたのは2013年7月。平井や経営層からのトップダウンではなく、完全なボトムアップで、一介の社員からの提案で全社を巻き込んだプロジェクトに発展することになる。第三章では、その特異な成り立ちを解説していこう。

第二章

組織を変えるならトップから攻めよう

経営戦略部門の理想と現実

２０１２年。ソニーの戦略立案部門がある本社ビル20階は、平井一夫の社長就任を控え、変革ムードが漂っていた。

ただ、同じ20階のフロアの一室で、小田島伸至は、悶々とした日々を送っていた。

小田島は当時34歳。大学の工学部を卒業し、ソニーに入社後は、ソニーが開発した部材を内外に販売するデバイス事業の営業を担当した。彼の転機になったのは、２００７年のこと。デンマークへの海外赴任を命ぜられたのだ。当時、大手携帯電話メーカーが拠点を構えていた北欧に、デバイス事業を開拓するのが目的だ。なかでも、ソニーのディスプレーデバイス事業がまったく立ち上がっていなかったところに目を付けたが、市場調査と顧客獲得、そして市場開拓をひとりでこなさねばならない。

「意気揚々と赴任したものの、売上の無い状態がこんなにも無力で苦しいとは思っていませんでした。最初は誰も会ってもくれなかったので、とにかくパーティーでもなんでも良いから接点を作り、興味を引きそうな身の周りにあるネタをかき集め、妄想の商品企画やビジョンを語るぐらいしか手が無く実務面は非常に暇でした。ところが、そういった泥臭いことを積み重ねていくうちにある瞬間、急速にビジネスが立ち上がりました。そして、ピークの時

小田島伸至
ソニー株式会社
新規事業創出部 担当部長（取材当時）

2001年東京大学工学部卒業後、ソニー入社。デバイス営業としてデンマークへ赴任し数百億円の事業の立ち上げを牽引。帰国後、本社事業戦略部門を経て、新規事業創出プログラムを立案。現在、新規事業創出部の担当部長。

は1時間に400通のメールが行き交うような激務の世界が始まりました」（小田島）

結果、小田島はゼロから年間数百億円の市場を切り開くことに成功した。それを受けて2012年、小田島を待っていたのは、当時の戦略担当役員である斎藤端の下の部署である〝事業戦略部門〟での仕事だった。ベテラン社員の多い部門の中では最も若く、異例の抜擢であった。デバイス事業の営業最前線から、今度は、エレクトロニクスだけでなく、映画や金融まで含めた、ソニーグループ全体の戦略立案を担当する部門への転属だ。

「海外赴任中に〝デンマークで実績を出したら、本社の戦略部門に入れるがどうか〟という話はありました。そういう道があるんだ、と思ったことが、向こうで一生懸命やれた理由のひとつだったんです。現場から中央に行けば、一気に広い視点での戦略に携わることができるようになるわけですから、燃えました。自分が事業部に所属していたときは、他の事業部には関われなかった。隣の事業部と気軽に打ち合わせをするにしても、きちんとした理由を持ち、念のため上長におうかがいを立てておかないと、あとで面倒なことになることもあります。しかし戦略部門はグループ全体の仕事ですから、そういう事情をまたいで話ができる、と思ったんです」

小田島はそう〝過去形〟で語る。日本に戻り、事業戦略部門で将来の様々な戦略に関する分析をするうちに、彼の中にはある種の物足りなさ・フラストレーションが生まれていた。

「2つの壁を感じた」と小田島は言う。

まずは〝ヒエラルキーの壁〟だ。小田島は若くして、北欧市場で大きな成果を上げた。そこにあったのは有無を言わさぬ実績の世界だ。実績さえ上がれば、上司と意見が合わなくても、実績の方が優先される。お互いそれを認識したうえで働くのが基本だ。

「しかし本社のような間接部門では〝実績〟で身を立てる術がなく、言葉だけです。そうするとどうしてもヒエラルキーが出てくる。上司からの評価が唯一の生きる道になってしまう」

それは、小田島がこれまで戦ってきた世界とは大きく異なるものだった。

もうひとつは〝世代の壁〟だ。50代と30代とでは、ソニーというブランドに描いているものが大きく異なっている。50代以上にとってのソニーは、まだ新興で若い企業だ。しかし30

代は、すでにウォークマンやトリニトロンで大成功し、プレイステーションを生んだ大企業、という姿しか知らない。そもそも、生活スタイルも大きく違う。

実績がすべてだったときは、世代が違っても同じ方向を向いていられた。だが、戦略部門になり、いろいろな方向を見るようになると、世代の壁によって言葉が通じないことや、認識が異なることが問題になる。

小田島は、次のようなエピソードを筆者に語った。ある戦略について検討している時、ある担当者が喩えとして〝ＡＫＢ48〟を使った。ところが、同席していたエグゼクティブは、ＡＫＢ48を知らなかった。当然、ＡＫＢ48がなにかという説明と、なぜビジネスになっているのかという説明をすることになる。そこで、はたと気が付いた。両者で「アイドルとはどういう存在か」という前提すら異なるから、話が噛み合わない。説明でどんどん時間が経っていくが、なにより重要なのは、本質はそこにない、ということだ。ＡＫＢ48が何者かを説明したいわけではなく、議論したいのは〝それを例にした戦略の話〟だ。

もちろん、戦略部門に来たことには良い面もあった。実績から離れて議論を深めることができるので、より新しく、深い視点で戦略を練ることが可能になる。

だが一方で、特定の事業部から離れ、各事業部の今後を考える部門だからこその難しさもあった。

「たとえば、まだ社内に知られてはいけない検討内容もあるわけです。でも、社内資料には都合の良いことしか書いていない場合があるし、裏をとるためリサーチをかけようにも、隠密に動かなければいけない場合もある。リサーチをかければ、彼らの事業に変更を加えさせる結果に至ることもあります。自分で直接仮説を立証したくとも事業インフラが無いので手段がない。そうすると、どうしても戦略の一部が曖昧にならざるをえない。そのような戦略は本社が旗を振っても現場で機能しない内容になってしまう。」

これらの問題は、ある意味で〝机上で行なうことの限界〟ともいえる。

中期経営計画を立てる場合、既存事業についてはすでに状況がつぶさにわかっているので、そのブラッシュアップは比較的容易だ。しかし新規事業の計画になると、とたんにその内容がふわっとしてくる。そうすると、状況を打破してくれる図抜けた存在を求めるようになるが、そんな人物がいきなり天から現われることはない。結果、検討すればするほど、会社の抱えるウィークポイントに目が行き、暗い思いに囚われるようになる。これは、いわゆる〝大企業あるある〟である。

「私がソニーに入った2001年当時、ソニーは非常に素晴らしく明るい会社で、〝神話〟と言われていました。グローバルでイノベーティブな印象が強かったんです。デンマーク時代、現場での私はとにかく市場を立ち上げることに懸命で、会社の内部が苦しくなっていることを、あまり知らないわけです。ある意味〝現場〟過ぎたんですね。だから、戦略担当部門イコール、いちばん面白いところに行ける、と思ったんですよ。イノベーティブでクリエイティブでグローバル。そういう会話が常に繰り広げられている世界だろうと」

巨大な組織は巨大な資金を動かすことができるし、それに伴って人材も集まる。だが一方で、それを管理しようと思うと、管理する部門と現場が乖離する。管理する側と現場との意識・認識のずれが大きくなっていくのだ。

「事件は会議室で起きているのではない」というフレーズがあったが、会議室で起きているかのような錯覚が拡大していくことこそ、問題の本質であり〝大企業病〟と呼ばれるものだ。

「私が事業戦略部門にいたとき、ソニーは赤字でした。では、赤字の会社が黒字になったときに、ソニーは認められるんだろうか……? そう思ったんです。私が会社に入ったときのトップは出井さん（伸之氏。1995年にソニーの代表取締役社長になり、2005年6月に会長兼グループCEOを退任）でした。当時、出井さんはソニーを黒字で運営していたけれど、ソニーは〝新しいことをやらなければだめだ〟と内外で思われている集団なので、黒字にしただけでは世間は認めてくれなかったんです。（それならば）平井への批判は、会社を黒字にしても止まらないだろう、と考えました。だから、ソニーのCEOは黒字にするだけではだめで、〝新しいこと〟をやらなきゃいけない」

これは、ソニーの外でソニーに期待する人々も頷く点ではないだろうか。現在、平井はソニーの経営状況を改善し、エレクトロニクス事業も黒字転換を果たした。しかし、世間ではいまだ「ソニーは不調」と感じている人が少なくない。これは、ソニーがなかなか新しいヒットを生み出せずにいるからだ。一方で、AVファンの間では、「最近のソニーはなかなか面白い」との評価もある。カメラやヘッドホン、オーディオなどを中心に、品質にこだわった製品が出るようになってきているからだ。ここからいかに〝新しいものを組織的に作っていくシステムを組み立てていくか〟が必要だ。だからこそ小田島は、自らが提案すべきことを〝新しい事業を継続的に生み出すシステム〟に定めた。

ソニーの神話を暴く

目標が見えた小田島は、ソニーを侵した大企業病の解決策を求めて、様々な人の元を訪れるようになった。中には、ソニーのOBもいた。ソニーではヒット商品について、様々な伝説がある。それらが本当にどのように生まれたのか、まず真実を把握しようと考えた。

結論から言えば、小田島は拍子抜けしたという。そこにあったのは、〝とんでもない天才の逸話〟ではなく、アイデアを社内で通していくための、当たり前のプロセスだったからだ。「結局、過去にも、スピード感であるとか、世界中のアイデアに目を向け評価し実用化することに意味があるとか、そういう〝当たり前のこと〟が重要だった、ということがわかってきました。社内にいると、〝天才待望論〟というか、伝説のプロダクトは神格化されているようなところがあるのですが、当人たちの証言をたどればやっぱり実際にはもっと泥臭くて、根回しも欠かせなかった。その上さらに現在のソニーは創業者によるオーナー企業ではないですから、オーナーの一存で進めるスタイルは取り得ない。だからこそ、新しいアイデアを発掘し育成するプロセスを担保する仕組みを作らなければならない、と考えるようになりました」

新しい事業は、どれだけの市場価値があるか見えにくいものだ。ひとつひとつのアイデアが直結的に生み出す最初の製品は、まださほど市場規模が大きくない可能性が高い。

そうすると新規事業は、自然と、小さな規模の事業を素早く立ち上げる、いわゆる〝リーンスタートアップ〟の形にならざるを得ない。時間をかけていいなら既存の事業部内でのビジネス化を待ってもいいが、そもそも、ゆっくり進めていてはコストもかかってしまう。またガバナンスだけに気を使っていると、立ち上げにはさらに時間がかかってしまう。

ひとりひとりが複数の役割をこなす〝小さなチーム〟が、自分たちの考えたビジネス全体を見渡し、素早く立ち上げる。まさに世の中のハードウェア・スタートアップ企業と同じやり方を、ソニー社内で進める方法はないか？　と小田島は考えた。

社長直轄で〝社内ベンチャー〟を作れ

そうしたシステムを考える中で、小田島が「重要である」と考えていたことがある。それは〝社長直轄〟での仕組みとすることだ。

事業部の壁は、自身も経験していた。ちょっとした相談をする場合でも、他事業部との連携となると、ある程度の根回しが必要になる。新規事業の立ち上げともなれば、「うちの事業部からエースを引き抜くのか」と、強い反発にあうのは必至だ。現場は日々のビジネスに必死だ。業績を回復するフェーズは特にそうである。小田島は自身の経験を振り返ってそう考えた。

「デンマークに投げ込まれて事業立ち上げをやっていたときにも事業を回しながら、〝新しいことをやりなさい〟という話はいっぱい来たんです。でも、全部放置せざるを得ませんでした。やっても評価されませんし、こっちはこっちでとにかく忙しい。目の前の事業をこなして成果を出せば大きく評価されるので、成果が出るかわからない新しいことに時間を割く気にもなれない。正直、このフェーズで潰したものも、僕はいっぱいあると思っているんです、いままでは。とはいえ、そこで未来志向になれ、と命令だけされても、無理です。中期の計画すら難しい。雇われの立場では、端的に言えばそのときいちばんいいお給料をいただければいいので、向こう1年間の計画で十分なんですよ。将来に目を向けろと言われても日常で自分事になっていかない。これが、役員はヤル気になっても現場は付いていかないひとつの原因だと思います。」

だとするならば、より高所から見られる立場の人間が、自らやる気のある人間に新規事業を任せる形にするしかない。すなわち、社長の意思とコミットメントを明確にして人員を集める、というシステムである。もちろん、社長の意思だからといって無理やり引き抜いては事業部の士気も効率も落ちる。だからSAPでは、プロジェクトを起案した本人自身が、所属する部門に〝SAPに応募する〟ことについて許可を取ることを原則にしている。

さらに立ち上げにあたっては、新規事業は事業部の中の部門として作るのではなく、〝自ら立ち上げた新規事業に、自ら責任を持つ〟形にする。すなわち、社内ベンチャー事業を立ち上げる、というやり方だ。オーディションに通れば自動的に予算がつき、製品化まで安泰、ということではない。3ヵ月ごとに事業性に関する厳しい審査があり、状況の変化に対応できるチームだけが、そのビジネスを継続することができる仕組みだ。外部のベンチャー企業であるならば、常に手持ちの資金と事業の将来性を天秤にかけて勝負するもの。それと同じ厳しい環境が用意されるのである。

もうひとつ、こうした仕組みを考えた理由は、〝未来の実行者〟であるアイデア発案者たちのことを考えてでもあった。

小田島は、事業に責任を持つことを野球のマウンドに立つピッチャーに喩えて言う。

「アイデアを思いつくだけで〝こういう理由でできません〟、〝ここが問題です〟というのは、結局言い訳なんです。それを言ってしまうのは、本人たちがピッチャーマウンドに立って投げていないからです。言い訳をしていることに気づけてないんですね。だから本人たちに〝そう言うんだったら、やってみなよ〟と言えるきっかけ、一人前に化けさせるきっかけが必要だなって思ったんです。部下が〝上司に上げられません〟、〝上司がわかっていません〟という言葉は、部下側にもやっぱり責任がある。上司に提案できるようになったらそのアイデアが通るのかと言えば、そんなことなかったりするんですよ」

そして、そのために必要なのが〝オーディション〟という仕組みだった。

「公然の駆け込み寺を作ろう、と思いついたんです。そうして、〝悪いアイデアは悪い〟と気づけるようにならないといけない」

自らがマウンドに立ち、責任を持つという考え方は、自身の反省に基づくものでもある。デンマークから戻り、事業戦略部門で働いていたときの〝罪悪感〟がある、ともいう。

「〝やらされ仕事〟が成り立つのが、大企業の怖さです。クオリティーが出せないので、本来はやらされ仕事だとお給料はもらえるわけないんですよ。ですが、実際にはそれでもお給料がもらえるんです。戦略の仕事を始めたとき、私は、会社にアウトプットが出せていない状態でした。でも、給料はちゃんともらえる。直前まで厳しい事業の現場にいたので、それにすごく罪悪感を覚えました。しかし事業の現場を経験していなかったら、多分、なにも感じなかったんじゃないか、と。おそらく前線から遠ければ遠いほど、わからないと思うんですよ。とにかく一日を過ごしていければお給料をもらえるので、やらされ仕事でもいい。でもベンチャーでは、やらされ仕事ではなにも進まない。なにも進まなければ潰れる。ほんとうにやりたい人だけが残っていくんです」

そうして小田島は、オーディションによって新規事業の種を見つけ、その事業化までは既存事業部から外れ、社長直轄で事業立ち上げを支援する、SAPの基本的な考え方を組み立てていった。

見られていたのは〝パッション〟

小田島の考える仕組みを実現するには、トップから攻め、トップのイニシアチブで組織を動かしてもらわねば解決できない。しかし、小田島は、平井にいきなりプランを持ち込める立場になかった。

当時小田島は戦略担当役員傘下の事業戦略部門にいたが、年齢も席次も最も下だ。ソニーは他の歴史ある大企業に比べれば、比較的階層にうるさくない会社だ、と筆者は認識している。平井もかなり気さくな人物で、フラットな物言いをする。しかしそれでも、ソニーのような企業の中、それも経営企画サイドで働くと、年齢や席次によるレイヤーは厚い。

苦慮した末、小田島が相談したのが、CEO室長の井藤だった。といっても、小田島と井藤の間にも、仕事上で濃い接点があるわけではない。メールでの事務連絡をする程度の間柄だ。そもそも井藤も、平井と同じスケジュールで働くため、社内の席を訪ねてもほとんどいなかった。

千載一遇のチャンスは、ある日突然やってきた。たまたま、小田島と井藤がソニー本社20階のトイレでばったりと出会ったのだ。

「井藤さん、今度話を聞いていただきたいことがあるんです！」

小田島は、この機会を逃さなかった。

「小田島からの提案は、〝新規事業を大企業の中で創出していくための仕組みについて、ソニーのひとりよがりな内部的な話ではなくて、世の中である程度通用するような普遍的な理論があるんです〟というものでした。まずは時間があるときに、話を聞いてみよう、と思いました」

井藤はそう振り返る。

第二章で解説したように、平井と井藤は、彼らに寄せられる新しいアイデアのピックアップ方法と育成手法に苦慮していた。後日時間をとってじっくりと小田島からプランの説明を受けた井藤は、直感的に「これはいける。平井と私がとても困っていることに応える内容だ」と感じた。

2012年、平井はソニーの止血に奔走したが、2013年からは、今後に向けた新しい施策の準備が必要、との認識だった。そのために必要なものこそ、寄せられるアイデアの中から有望なものをロジカルにピックアップする仕組みだった。

「とはいえ、当時はまだ紙の上のプラン。もう少し検討が必要、とは感じました」と井藤は言う。

井藤安博
ソニー株式会社
CEO室 室長・シニアゼネラルマネジャー
兼 新規事業創出部 統括部長（取材当時）

1994年ソニー入社。初期プレイステーション事業の人事制度立ち上げ、ソニー本社での報酬・指名委員会事務局、米国ネットワークサービス事業の人事立ち上げを経て、現職

しかしその時、井藤はプランだけを見ていたのではなかった。どちらかといえば、小田島伸至という人材を見ていたのだという。

「ソニーの20階というのは、いわゆる高級官僚が集まっているようなものです。当時はいまよりももうちょっと組織や階層が多くて、大物の部門長みたいな人もたくさんいた。たくさんいるということは、職責が細分化されていて、利害調整に時間がかかるということです。いまでこそ小田島はエースのような存在ですが、当時は戦略担当役員傘下の部門でもいちばん若い人材でした。話を聞こうと思ったのは、本社の活性化のために、本当はもっと意思疎通もよくしたいし、風通しもよくしたいので、普段交流のない若手スタッフがどういうことを考えているのか知りたかったからなんですよ」

小田島からのプレゼンテーションのアポイントを受けた理由を、井藤はそう説明する。

「プレゼンの中身も見たんですが、私はどちらかというと、小田島のパッションを見ていました。ソニーは新しい制度を定着させるのが、どちらかというと苦手な会社です。その中で、小田島が提案する仕組みは、〝これだったら、明日にもいける〟というところまでは当然達していなかった。ただ、彼が相当なパッションを持っているので、〝これは引き続き話を聞こう〟と決めたんです」

小田島は引き続き検討を進めたうえで、別の味方もつける。半導体をはじめとしたデバイス事業のトップであり、ソニーの技術開発の柱のひとりである、ソニー執行役副社長・R&Dプラットフォーム担当の鈴木智行である。小田島は自分ひとりでは平井の信用を得られないと思い、鈴木に「同席してほしい」と懇願した。鈴木は小田島のプランを見て協力者となることを応諾した。井藤は、再び小田島のプランをチェックする。その頃には、初期のペーパープランより、ずっと洗練されたものになっていたという。

「これは、いよいよ平井さんに見てもらうべきだ」

井藤はそう考えた。小田島にプランの改善を指示しつつ、平井へと相談を持ち掛けた。

「平井はああいう人ですから、若手が考えた面白いプランがあるので聞いていただきたいと話したら、多忙にもかかわらず二つ返事でミーティングに応じてくれました」

井藤はそう笑う。2013年7月、小田島は、平井への直接のプレゼンテーションに臨むことになる。

たったひとり・期限半年からの船出

「最初に聞いたときから、〝これはやれる〟と思いました。同時に、これは社長直轄にしないと、いろいろなところで問題が出る、とも考えました。やはり自分が納得しないとできない。ですから初期のディスカッションから、〝社長として私が関わった形でやるのかどうか〟という話になりました」

小田島の最初のプレゼンテーションについて、平井はそう振り返る。井藤も、その時の状況を次のように覚えている。

「平井は瞬時にして〝興味がある〟と答えました。ただ、平井はアイデアが良いだけじゃ満足しません。導入ができて、運営ができて、効果が出ること。すなわち〝実行〟を重んじるので、すぐに興味はそちらに移りました。着眼点はいいが、実行するにはまだ検討が必要、という回答になりました。実行のイメージがもう少しわいてから、GoかNo　Goかを判断するスタイルなのです」

平井が指摘したのは、〝アイデアを育てる〟部分だ。アイデアが集まっても、それがその

新規事業創出部のビジョン

チャレンジャーと有識者を掛け合わせ、大企業ならではの手法でスタートアップを生み続け、イノベーションを生み出していく

未来を創る新規事業を創出
➡自ら活動を継続・発展できる事業を創出し、未来を創る

オープンイノベーションとネットワーキングのエンハンサー
➡ソニーグループの内外に存在する多様な人材や知見を結びつける役割を担う

次代を担う起業家人材を育成
➡自立と自己責任のもと、実際のE2Eの事業経験を通じて起業家人材を育成

事業創出を加速するプロフェッショナル集団
➡挑戦者や事業化を支援し加速するマインドセットとスキルを兼ね備えたチームとなる

スタートアップが常に生まれるインフラと文化を構築
➡スピーディーかつ小規模な実験・生産販売を実現するLaunch padを目指す

新規事業創出部のビジョンは左記の5つ。事業創出そのものも重要だが、それに加え、事業創出の加速や、継続的に新しいビジネスへとチャレンジできる社内基盤作りも大きなテーマとして掲げられている。社内資料より抜すい。

まま使えることは少ない。そこから、全社的な理解を得ながら回していくには、継続して運営するための仕組みが必要になる。そこについて、小田島のプランはまだ不完全だった。

継続検討となった以上、予算も時間も必要だ。事業戦略部門にいる小田島は、これまでは業務の時間ではなく、自分の時間を使ってプランを組み立てていた。しかし、ここからさらに検討を続けるには、業務として関わる必要が出てくる。井藤は平井に「CEO室の予算で継続検討させてほしい」と提案した。半年程度検討し、平井に継続的に進捗を報告することになった。

小田島は、正式にSAPに続く〝新規事業創出〟プロジェクトを立ち上げることになる。ただし、部下はいない。小田島ひと

り、半年以内に結論を出すという、期限つきの船出である。

社内交流会から人材とアイデアを集めて行く

２０１３年7月以降、新しい事業を生み出す仕組みを考えるため、小田島はまず、これまで戦略部門として長く全社を見渡してきた上司の八瀬邊、堀井、野口に、過去の失敗やソニーの文化の特徴のヒアリングを行ない、助言を得ながら計画のドラフト作りをスタートした。さらに、積極的に社内を動きはじめた。実際社内の現場には、同じような考えを持つ人々が大勢いて、どうすべきか考えあぐねていた。人づてに、同じような意識を持つ人々を探し、そうした人々を集めて社内交流会を頻繁に開催した。自らのアイデアを磨き上げ、仲間を作り、どのような仕組みで進めるべきかを考えるためだ。

のちに小田島とともにSAP事務局のメンバーとなり、SAPの運営に携わることになる大内朋代も、この時期に小田島の開催する交流会に参加した人物のひとりだ。ブランド戦略部でFIFAのスポンサーシップや上田桃子選手・錦織圭選手やピアニストのラン・ランなどをブランドアンバサダーとして起用する活動などを手掛けたのち、ソニー・エリクソン（現ソニーモバイルコミュニケーションズ）のスウェーデン・ルンド本社勤務を経て、本社秘書部で業務改革などを担当していた。社内外コミュニケーションにたけた専門家である。

大内朋代
ソニー株式会社
新規事業創出部　IE企画推進チーム
コミュニケーションマネージャー

2002年慶應義塾大学法学部卒業後、ソニー入社。ブランド戦略部やソニー・エリクソン（現ソニーモバイル）のスウェーデン・ルンドオフィスでの社内外コミュニケーション業務、秘書部での改革業務を経て、現職。

「２０１３年頃は、私の同期も含め、どんどん人が辞めていった時代なんです。〝お先に失礼〟と、船を降りるような雰囲気で」

当時を思い出してか、若干寂しそうに大内は話す。

「私自身も、なにかそれに対してちょっと寂しいなと。なにもせず船から降りるのか、なんとかするのかという中で、自分の中では、どうせならとことんやりたいという気持ちがありました。ですから、小田島がそうしたＳＡＰの構想を考えていると聞いたときには、面白そうだし、絶対いまやるしかないだろうな、と思ったんです。〝こういった経験があるんですけど、もしお力になれるんだったらぜひ声をかけてください〟とお伝えしました」

小田島は、当時のメンバー集めを〝テレ

フォンショッキング形式〟と称する。

「これも、デンマークで事業をやっていたときの技です。人を見つけて、さらにその人から〝この課題に対応するのに、だれかいい人を紹介してください〟というふうに」（小田島）

結果的に、小田島は1ヵ月で100人ほどの社員とミーティングすることになった。新規事業の立ち上げに苦慮している社員たちと課題を共有していくと、どうすべきなのか、ということも見えてきた。

まず、人事については、社長直轄にして〝専任体制〟にすること。新規事業を立ち上げてチームの中心になったら、若かろうがそうでなかろうが、統括課長として働くこと。統括課長に現場で即断即決できるような裁量権と責任を与えること。ただし、チームが使える予算は、年間単位ではなく3ヵ月単位の事業プレゼンで承認・確保すること。そして、チームが持っていない技術やノウハウについては、社内から〝加速支援者〟（後述）を募ってサポートしていくこと。

詳細はのちの章で解説するが、プランニングの段階では様々なことが議論された。プランの中には、立ち上げようとするビジネスを、場合によってはソニーの中に置くのではなく、スタートアップの本場とも言える、シリコンバレーに移転する計画すらあった（結果的に社内に留め置き、〝新規事業創出部〟に転出してもらう形となった）。

なにより重要だったのは、レイヤーを薄い状態に保つ、ということだ。新規事業の中核人物が統括課長になるのはいい。だが、その上に決裁権のある部長職などを積み重ねると、結局は判断のスピードが鈍る。新規事業創出部を担当するトップと、それぞれのビジネスを担当する統括課長だけの薄いレイヤーにして、判断を高速化する。まだビジネスが小さいうちは、チームも小さくていい。その時は、スピードこそが命。小さなチームでは使える予算全体に対して固定費の比率が高くなるので、スピードを生かさねば逆に不利になる。

小さなチームで、チーム内の人員が複数の役割を兼ね、ビジネス全体を見渡す。小田島の言葉を借りるなら「ピッチャーマウンドで球を投げてもらう」仕組みは、こうして形作られていった。

キーパーソンは〝十時〟氏

2014年に入り、新規事業創出部の概要はかなり見えてきた。井藤が小田島に与えたのは、2013年10月から、2014年3月末までの半年。この時期は、最終段階である。すでにこの時期には、おおむね計画にGoを出せる、という判断になっていた。平井と井藤、小田島のミーティングの中で最後の議題となったのは、〝誰が新規事業創出部を率いるのか〟ということだ。社長直轄事業ではあるが、社長が陣頭指揮を執るのは、仕事量的にも現実的ではない。井藤は思案した。

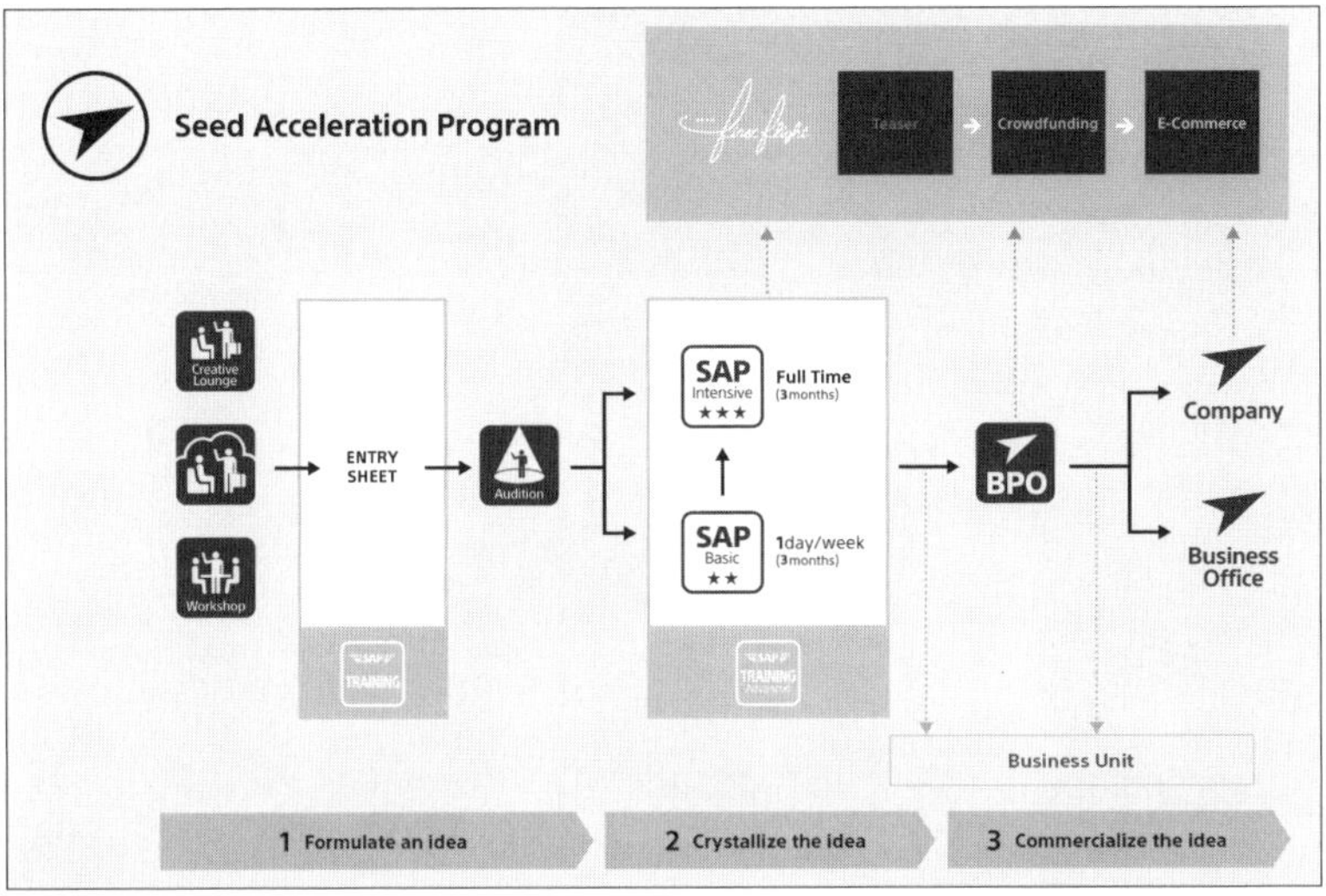

SAPの事業化までの流れ。まずエントリーシートで応募、そこからオーディションを通過後に、アイデアを実現するためのプロセスに。この段階でビジネスを立ち上げるためのトレーニングも同時に行ない、最終的には、社内のユニットもしくは独立の企業としてビジネスを現実のものとする。

「ソニーは、新しい仕組みを立ち上げて定着させるのはあまりうまくありませんでした。ですから、新規事業立ち上げやインキュベーション、投資が得意な人材にお願いする必要があります。そこで鍵だったのが〝十時〟の存在です」

現在ソニーモバイルコミュニケーションズの代表取締役社長 兼 CEOであり、ソニー本社の執行役EVPを務める十時裕樹は、2013年12月にソニー本体に〝戻ってきた〟人物である。十時は平井と同じく、エレクトロニクス事業畑育ちではなく、ソニーの中ではさらに異色の経歴を持つ。入社以来財務畑にいたが、30代でいきなり新しい事業に挑戦す

十時裕樹
ソニーモバイルコミュニケーションズ
代表取締役社長 兼 CEO

1987年ソニーに入社、2001年に開業のソニー銀行立ち上げに参加し2002年にソニー銀行代表取締役を務める、その後ソネット副社長を経て、2014年ソニーモバイルコミュニケーションズ代表取締役社長 兼 CEO、2016年4月にソニー（株）執行役EVP（新規事業プラットフォーム戦略担当）に就任。

る。ソニー銀行の立ち上げだ。いまや金融はソニーの屋台骨のひとつだが、2001年4月の立ち上げ時には、「なぜソニーが銀行を？」と言われたものだ。その後も、ソニーのネット関連子会社であるソネットを舞台に、投資による新規事業立ち上げを軸に事業展開していく。ソニーグループの中では珍しい、立ち上げも清算も経験した新規事業の専門家である。

「正直、もうソニー本社に戻るつもりはなかった」と十時はことあるごとに語っている。ソニーの外でインキュベーションを軸にビジネスをするもの、と自身も考えていた。それが、ソニーを立て直すためにソニー本社へと戻ってくることになり、その後、スマートフォン事業の不振から、ソニーモバイルの立て直しを託されることになった。

ソニーの中で新規事業をやるのであれば、十時ほど経験が豊富な人物はいない。事実誰に聞いても、「SAP立ち上げの時期の新規事業創出部の部長を十時氏が務めたことが、SAPが立ち上がるうえで大きな鍵だった」という答えが返ってくる。

「ただ、当時は十時にとっても大変な時期で、本当にお願いしていいものかどうか、迷ったのは事実」と井藤は言う。

2014年2月、ソニーは『VAIO』ブランドで展開していたPC事業を本社から切り離し、投資ファンドである日本産業パートナーズに売却すること、そして、テレビ事業も本社から分社化し、100％子会社での独立採算事業とすることを決めていた。十時はそのプロセスのキーパーソンでもあった。

井藤は、まずCFOである吉田憲一郎に相談した。SAPも引き受ければ、十時はきわめて多忙になる。最も大事な時期に吉田の右腕でもある十時に負担をかけるようなお願いをしてもいいものか。ただでさえ、吉田には無理をお願いしている中、井藤は断られてもまったくおかしくない相談だと思っていた。だが、むしろ逆だった。吉田は、「SAPのような活動は大切だし、能力的にも十時にしかできないと思う。自分はかまわないので、十時に相談してみたらどうか」と答えてくれた。

平井は十時を呼び、正式に今回の計画のことを伝え、責任者としての参加を依頼した。平井は上意下達があまり好きではない。「私はこう考えるが、判断は十時さんの事情で考えてほしい」と下駄を預ける形になったという。

〝育てる仕組み〟はソニーの外で学んだ

十時は、若干逡巡したものの、さほど時間を置くことなく、すぐに引き受けた。

「インキュベーション的なものについては、ソニーは過去にも、やりかけて止めたりした経緯があります。新しいことを育てていくには我慢強さもいる。新規事業はなかなか成果が出ないものなので、一般的に大企業の中では、継続する仕掛けなり、仕組みなりのコミットメントがないと続かないんですよ。だから、それをどういうふうに手助けするのか。それを最初に考えましたね」

当時のことを十時はそう振り返る。

「やっぱり経験に勝るものはない。インキュベーションをする人には、ある程度事業立ち上げの経験が必要です。要するに、どういうフェーズでどうサポートすればいいかとか、どういうことに気を付けなきゃいけないかとか、経験値から来るものがある。不安定な未来のことを議論ばっかりしていても、なかなか落ち着くところに落ち着かないんですよ」

自身の起業経験から、起業を助けるには、その道で経験の多い人物の知見が必要と十時は言う。

「創業者は抜群の求心力があります。〝創業者が右って言えばみんな右〞というふうに決まるんです。でも我々の世代のように、創業者世代からかけ離れていくと、そういう部分が難しくなりますよね。インキュベーションするにも、求心力は絶対必要なんです。しかし、創業者が強かった昔と違って、とにかくやれば育つ、というものではなく、ちゃんと仕組み化しないとうまくいかない。それは、ソニーの外から見ていて思っていたことではあります。シリコンバレーを見ていると、その仕組みが、非常に大きなエコシステムというか、生態系になっています」

本書で何度も話題に上っているように、ソニーは〝新規事業〞を育てるのが必ずしも得意ではなかった。だが、それはソニーに限った話ではなく、どの大手企業もそうなのだ。新規事業を継続的に生み出していくには、それに適したエコシステムが必要、ということである。

「SAPというのは、シリコンバレーにあるような考え方を取り入れて、ソニーらしくカスタマイズしてやるんだ、と思いましたね」

十時は第一印象をそう話す。

では、それを多忙な中でも進めたい、と思った理由はなんなのだろう？

「リストラを進めながら、というのは難しいのでは、と思われるかもしれませんが、2014年のあの時期に新しいことをやるとしたら、このやり方しかない。要するにリーンに（組織もコストも小さく）やるしかないんですよ。あまりリスクも取れないし、お金もかけられない。シード的なものからやらないとできないですよね。〝赤字なのになんで新しいことに金をかけるのだ〟という非難・批判は絶対出ます。そうすると、これは前例がない、なにかを踏まえなければならないものがない中で動かしたい、と思いました」(十時)

そして、もうひとつ、自身の経験を踏まえ、次のことを強く感じたという。

「この件については、事業が立ち上がるか・立ち上がらないかよりも、むしろ〝人を育成する要素〟の方が強いんです。いまはエンド・トゥ・エンドでビジネスを立ち上げて、大きくしていく経験がなかなかできない。そういう体験をさせると、たとえそのプロジェクトがうまくいかなかったとしても、担当した人は次に事業をしようと考えた時に経験を生かせます。いまの大企業では役割が細分化されています。専門職でずっと役職を上がってきて、いきなり〝マネジメントをやれ〟と言われても、多分準備ができてないですよね。そういう準備を整えさせるというか、次の世代に準備させたい、という思いは、ちょっとありました」

これは、十時自身の経験に基づくものだ。

十時は30代でソニー銀行立ち上げに参加し、ビジネスを構築していった。十時はソニーモバイルの社長に就任直後、筆者の取材に対し、こう答えている。

「ソニー本体に帰ってくるつもりはなかった一方で、ソニーには感謝もしています。30代から経営をやらせていただいて、いろいろなスキルを身につけることができました。そういう経験を他の若い社員にもさせてあげたい。〝考えたことが世の中に出る仕組み〟を作らないといけません。考えただけで〝どうせ出せないんでしょ〟ということでは、真剣に考えてくれない。やれば出る・出ればそのうちいくつかは成功する。それを体感させて、見せてあげないといけません」

構造改革後の、〝新しいことを始める〟メッセージ

社内から新しい事業を生み出していくことについて、平井は次のように語っている。

「私は、ミュージックやゲームのビジネスを長く見てきました。クリエイターは素晴らしい音楽やゲームを作ったら、自己満足では終われない。みんなに楽しんでもらいたい、という気持ちがあります。エンジニアも多分一緒ですよ。素晴らしい技術を作ったら、それを役員に褒められるだけじゃ満足できない。量産化に向けてのチャレンジを乗り越え、商品になり、お客様がどう見てくれるか。そこにひとつの喜びがある、と思っているんです。だから面白いものは〝面白い〟と伝えるし、〝いつ商品にできるのか〟を問うんです。社長が〝すぐ商品化しよう〟と言うと、まあ、〝えー?〟と思うところもあるでしょうが、よほどのことがない限り、彼らは〝やりません〟とは言わない。だから私もどんどんフォローします。それがいい意味で、エンジニアのみなさんのモチベーションになっているのではないか、と考えています」

良いモノにブレーキを踏むことは、ソニーのためにならないだけでなく、エンジニアのためにもならない。トップとして、ＳＡＰのような新規事業開発を進める試みを担ぐことは、「面白いもの、新しいものを世に出したい」というモチベーションに水を差さないための施策ともいえる。

リストラに着手しつつＳＡＰを担当することについて、十時はまた別の視点も持つ。

「当時は、とても厳しい状況でした。ソニーはあらゆる意味で構造改革をやらなければいけなかったんですが、構造改革には副作用がありますから、耐えられる時間が短いんですよ。だから一気にやらなくちゃいけないし、短期間で終わらせなきゃいけない。また、〝この構造改革はなんのためにやるのか〟という目的が必要です。〝終わった後どうするんですか？〟という疑問があると思うんですよ。先が見えないと、組織が疲弊していきます。そういう意味では、ＳＡＰがどうだったか、という評価はあるでしょうが、そういう計画をやりましょう、ということを示すのは、ひとつのメッセージにはなったかな、と思います。要は〝構造改革は終わったんだ、あっちに行くんだ〟と示すプロセスです」

新しいことに取り組んでいる、と示すことは、コーポレートガバナンスの観点でも重要だった、ということだ。

大企業の年功序列型システムはほぼ破綻している

　こうして根回しは終了し、２０１４年2月、小田島は、平井と十時の前で、ＳＡＰの計画に関するグランドデザインを、正式にプレゼンテーションすることになる。彼に与えられた制限時間ぎりぎりであり、担当組織の組閣をせねばならないタイミングであった。

「さすがに事前に練られていただけあって、見せられたプランの完成度は高かった」と十時は言う。２０１４年2月は、ＰＣ事業の売却とテレビ事業を分社・独立採算を中核とする、エレクトロニクス事業への大鉈が振るわれた直後である。ソニー社内には重く厳しい空気が充満していた。そこで新規事業の計画を打ち出すことを、苦しみに耐える現場は快く思わず、平井や十時に対する反感につながる可能性もあった。

　計画実行の決定を下す会議の最後に、井藤はあえて、平井・十時に、それでもやらせて頂けるのですか、と問いかけた。

「こういう時だからやらねば」

　平井も十時もそう答えたという。新しいことを始める意識を示すことも、同時に必要と考えていたからだ。

　十時を部長に迎え、ＳＡＰを実際に立ち上げることになった小田島は、十時のひと言に驚かされたと言う。十時は小田島に対し、こう言ったのだ。

「で、この計画は〝君〟がやるんだよね?」

小田島は自分が立案した企画であるから、もちろん自分がやるつもりではいた。だが、十時が責任は持つものの、事業の運営者としては完全に小田島がパスを渡された格好になった。ソニーは年齢や役職が重視される、と感じていた小田島は、そのことに驚かされ、自立という言葉の重みと責任が初めてわかった、という。

「彼に言ったのは〝君がやるんだよね〟ということだけです。やる人間がいないと動かないですから。それだけを確認したかったんですよ。サポートはいくらでもしてあげるからこのままやればいいんじゃないかと、ちょっと背中を押したようなところがありましたね。まあ、ソニー本社を離れて長かったせいか、私が子会社ボケしていたのか(笑)、これまでは割と自由に仕事してきたので、自分の中に、あんまりヒエラルキーとかっていう意識がないんですよ。〝ソニーのお作法〟だと、彼の年齢でそのポジション、というのは、ややありえない話だったようです。だから〝君がやるんだよね〟と聞いたら驚いた、という話は後から聞きました。そこには、すごいギャップを感じましたね」

十時は当時のことをそう振り返る。彼にしてみれば、あくまで〝実行の主体〟を確認したに過ぎないのだ。それ以降、現在に至るも小田島は、十時に「これでいいでしょうか?」という質問はしたことがないと言う。小田島の十時へのアプローチは、〝意見を聞く〟ことだ。

十時は小田島の判断を尊重し、そこにアドバイスをする形を採っている。

なぜなら十時が手掛けてきたビジネスの中では、年齢によるヒエラルキーなどすでになかったからだ。〝ソニー本体〟という大企業には、ある種の慣性として、ヒエラルキーはまだあった。

「階層構造は、大きな会社ではある程度必要な部分はあります。しかしそこは、自分の意識を変えていかないと多分もたなくなると思うんですよ。高齢化が進み、若い人が減っているのは事実です。その中で長く働かなくちゃいけない環境になりつつあります。だとすれば、年齢と経験の長さをベースにしたヒエラルキーを維持するのは、ほぼ破綻していると思うんですよ。だからＳＡＰを作る時、小田島に課した使命は、〝組織を作る〟ことじゃないんです。〝全部ネットワーキングでやれ、組織を作っちゃだめだ〟と指示したんです」（十時）

ＳＡＰの中で立ち上げた新規事業についても、ビジネス主体は〝立ち上げた彼ら〟にある。小田島はヒエラルキーとしては彼らの上にいるが、小田島が彼らに命令することはほとんどない。判断の主体は現場であり、それをオーソライズするのはトップだ。小田島はトップと現場の間を走り回り、コミュニケーションを円滑化する立場に専念している。

プレゼンの翌月の２０１４年３月、平井はソニーのトップマネジメント全員を会議室に集めた。ＳＡＰの計画を承認するためだ。小田島や十時から説明があると、マネジメント層全員に、平井は「この計画を、私の責任のもとに進める」と宣言した。トップが決断した以上、

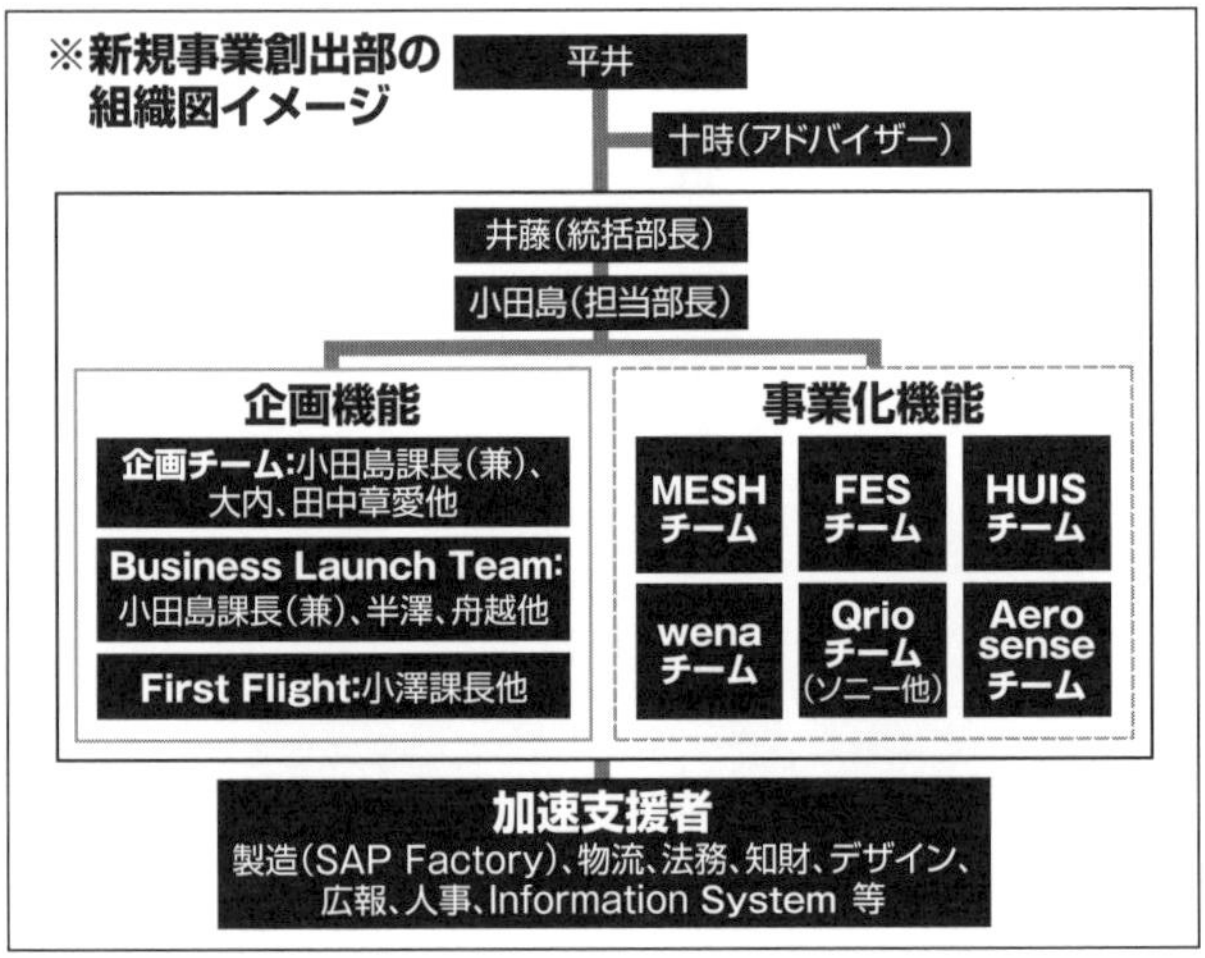

SAPから生まれたビジネスを手がける〝新規事業創出部〟の構成図。いわゆる〝事業部〟からは離れた組織で、内部にビジネス案件ごとにチームが並列に存在する構造。各事業についてはそのチームが責任を負う。

※敬称略
※2016年6月末日現在

その場に否やはない。前代未聞の〝ソニー入社１年生の統括課長〟を認める新規事業プロジェクトを進めることはここで決定した。

新年度が始まった２０１４年４月１日、若手社員の有志から始まったプロジェクトは、ＣＥＯである平井の直轄組織〝新規事業創出部〟にて進めることが発表された。同時に、新規事業創出プログラム〝Seed Acceleration Program〟、通称〝ＳＡＰ〟がこの日、スタートした。

第四章

SAPオーディションと外部協力者たち

ＳＡＰ本格始動、「誰もが立てるピッチャーマウンド」とは？

２０１４年４月、ＳＡＰおよびそのオーディションの計画は、ソニー社内に正式なプロジェクトとして公開された。あのソニーが手掛けているということもあり、ＳＡＰをめぐってはある種の誤解といえる声も散見される。それはこんな具合だ。

「ＳＡＰはあくまでプロモーションであり、クラウドファンディングなどで商品を売るのは目立たせるため。多額の予算をつけて安全にやっていけるものを〝ベンチャーっぽく〟見せているにすぎない」

率直に言って、これは間違いである。本書の取材を通して改めて確認できたのは、ＳＡＰは完全な社内ベンチャーの仕組みであり、予算獲得やビジネスモデル構築も、チームが自ら行なわねばならない。オーディションも〝ガチ〟の勝負ならば、その後の事業化も〝ガチ〟である。そこで見直しが入れば、事業は解体されて終わるし、うまく行く算段がつけば継続される。単なる新製品のアイデア発掘とは異なる仕組みだ。そうした思想は社員にすらわかりにくい。そのためＳＡＰ事務局は、ソニー社内向けに、ＳＡＰに関連する話題を共有するための専用ＳＮＳの構築を進めた。

小田島・井藤を中心にＳＡＰに至る計画の検討が進む中でも、平井への売り込みラッシュは続いていた。その中には、のちにSAPから生まれる製品の第一号となる『FES Watch』もあった。前出のようにFESは電子ペーパーを使った〝自由にデザインできる腕時計〟であり、ファッションをエンタテインメントにする、という発想で企画された製品だ。

平井は時折、各部署の若手と食事会を開く。2013年10月、家庭向けAV機器を担当する若手社員との食事会でも、彼らの中から、新規事業のプレゼンをを希望する声が上がった。平井は即答で了承する。2ヵ月後の12月、〝ファッションエンタテインメント〟をプレゼンするために、FES Watchのチームは平井の前に立った。

彼らは全員が揃いのTシャツを着ていた。ロゴは「はじめまして、平井さん」。ファッションで遊ぶことを目的に、時計を生かすアイデアを熱心に説いた。

「そのプレゼンでは、さすがにモノになるのかならないのかも、ちょっとわからなかった」

プレゼンに同席した井藤はそう振り返る。だが、別の部分が心に残った。

「ただ、プレゼンは面白かった。パッションも遊び心もありました。しかも彼らは、正規の業務とは別の時間を使い、ここまでやっている。だから、〝再度平井に進捗を報告してほしい。当面はみなさん手弁当ですが、がんばってください〟と指示を出したのです」

その後、2014年に入り、SAPを進める新規事業創出部のスタートが現実味を帯びた頃、FES Watchの計画は、数度の平井へのプレゼンを通し、より具体的なものになっていた。井藤はチームを十時・小田島に紹介する。

ＳＡＰの軸はオーディションと、それに伴う起業支援の仕組みである。だが一方で、最初のオーディションまではまだ時間がある。十時と小田島は、モデルケースとなるいくつかの案件を、オーディション通過に先行して進めることにした。

結果、ＦＥＳはモデルケースのひとつとして選ばれることになった。同様に選ばれたのは『ＭＥＳＨ』だ。ＭＥＳＨはＩｏＴ版電子ブロックとでもいうべきプロダクトだ。〝ＭＥＳＨタグ〟と呼ばれるブロックが複数用意され、それらが連動することで価値を生み出す。たとえば、明るさを検知するＭＥＳＨタグをトイレのドアに貼り付け、それをアプリと連携させると、〝トイレが利用中かどうかがわかる〟機器になる。人が近づいたことを検知する人感センサータグとＬＥＤタグを連携させ、ティッシュペーパーの箱に付けると、箱からティッシュが取り出された回数をカウントし、ＬＥＤの色でティッシュ残量を把握する機器も作れる。

これらは、すでに製品コンセプトはでき上がっており、ビジネスプランを構築する段階に入っていたため、新規事業創出部が作られたことに伴い、こちらに移管されてきた。ＳＡＰオーディションを通過するプランよりも先に、具体的なビジネスプランの検討と磨き込みに入った。

ＳＡＰの計画において、製品化プロセスの〝見える化〟は重要な要素だった。すべてを公開し、新規事業を目指す人の糧とすることが目的だからだ。まずイントラネットで活動のア

『MESH』。タブレット上で動くアプリと、複数のMESHタグを組み合わせ、〝動作に応じてネットへ情報を返す〟ことが可能。結果、誰でも簡単に、自分だけのIoT機器を作ることができる。

ナウンスをすることにした。もともとこの種のウェブサイト構築には2ヵ月以上が必要との目算だったが、広報部門を中心とする社内からの協力が厚かったこともあり、結果的にその時間は2週間ほどにまで短縮された。会社が守りに入っている時期に、新しい物事を適確にしかもリーンに伝えていくためには、広報部門の協力とイントラネットが欠かせなかった。社内に公開された紹介サイトには、まずオーディションに関する概要が掲載された。小田島たちの予想を超えて、事務局側にはＳＡＰに関する問い合わせが相次いだ。そのため急きょ、オーディションに関するよくある質問（ＦＡＱ）をまとめたページを作ることになった。紹介サイトへのアクセスは、設置からの10日間で6万アクセスを超えた。外部に

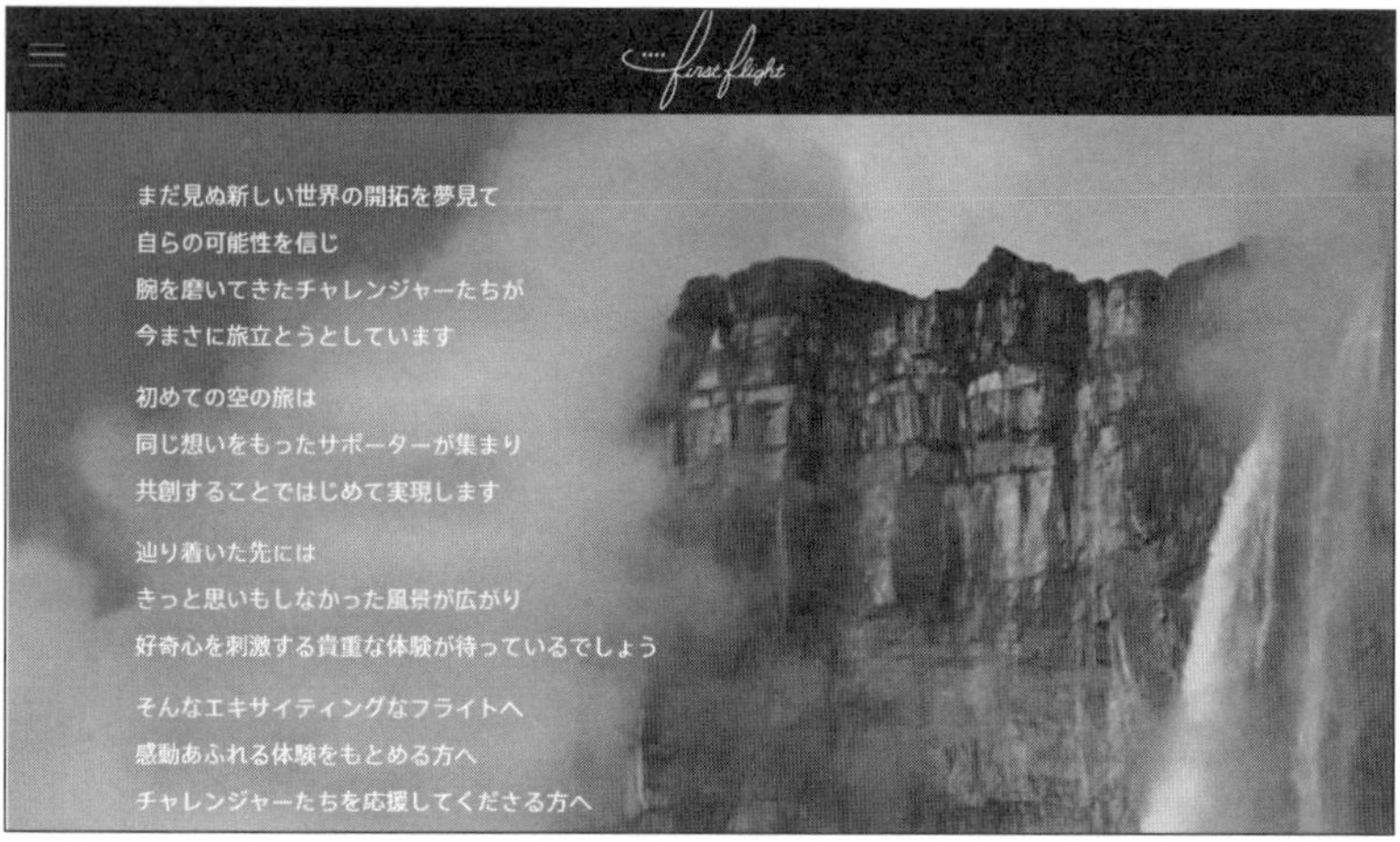

クラウドファンディングと物販・マーケティングの役割を果たすFirst Flight。イメージは〝離陸〟で統一され、各製品の詳細もわかる。https://first-flight.sony.com/

は公開されない、社内専用ウェブサイトのアクセス数としては驚くべき注目の高さと言える。

社内向けの情報発信の仕組みを整える段階では、社内デザイナーの城ヶ野修啓が参加し、現在の〝空港とそこから旅立つ新人パイロット〟のイメージを作り上げた。これこそが、小田島たちにとって大きな気づきでもあった。実は、自分たちのアイデアは他人に伝わりきっていなかったのだ。それぞれのフェーズに、自分たちが良いと思うキーワードをあてはめていた結果、統一感がなく、メッセージに一貫性がなかった。城ヶ野はデザイナーであるが、特に〝コミュニケーションデザイン〟の専門家だ。ビジュアルとアイデアによって、伝えるべきことの骨組みを設計するのが彼の役割であ

wenaの開発メンバーから製品の説明を受ける、平井一夫CEO。こうした幾度かの確認プロセスを経て、最終的な製品へと到達する。

る。新規事業は〝狙いを相手に伝える〟ことがなによりの課題となる。城ヶ野の手腕から得られた知見は、その後のＳＡＰのあり方に大きな影響を与えた。小田島はここでソニーのもつデザインの力を実感し、ソニーのデザインセンターである〝クリエイティブセンター〟の長谷川豊センター長にＳＡＰ全体の支援を直訴し快諾を得る。長谷川はＳＡＰにデザイナーを次々に送り込むと共に自らもオーディションの審査員を務めている。

新規事業を目指すチームを小田島は〝マウンドに上がるピッチャー〟に喩える。オーディションを積み重ねていくことは、甲子園の地方予選に出場するようなものだ。ＳＡＰのオーディションは、まず、数枚のペーパープランを提出するところから始まる。プランを出すだけなら、ハードルはそう高いわけではない。オーディションへの参加の制限はない。一応、参加については自分が所属する組織の上長に許諾を得ること、というルールはあるが、起業に比べればさほど難しいものではない。オーディションのための書類作りやプランの検討については、通常の業務の範囲〝外〟、すなわち放課後プロジェクトとして行なう必要があるが、これもまた珍しいことではない。

ただし、最初の応募から先に行くのは、また別の話だ。ペーパープランからより具体的な内容、映像を含めたプレゼンテーションを経て、最終審査までたどり着くのは数組に限られる。小田島は言う。

「オーディションは、みんなに参画するチャンスがあって、ちっちゃいピッチャーマウンドのようなものです。地区大会には絶対立てるんです。応募者は、みんなソニーに入ってくるような人材なので、このプランはなぜ良いのか、なぜだめなのか、ちゃんと話せばわかる人が多い。アイデアはとにかく投げてみないとわからない」

外部評価者が見たＳＡＰの姿

ＳＡＰのオーディション審査はソニー社内で行なわれるのだが、特に十時は、審査とその過程での指導に関し、ソニー外部の知見を生かすよう求めた。そうすることで客観性が生まれるからだ。小田島は次のように分析している。

「評価のための〝場〟は大事です。たとえば、自分が認めていない上司からだめだと言われても、(うちの社員は)まったく聞かないんです。しかし、社会的に認められた人からの批判は受け入れます。また、外部の有識者は常にフラットに物事を評価してくれます。社内にいると、どんなに外の目を持ちたいと思っていても、日常の大半は社内の人材との会話なので、時間と共に徐々に社内の論理に巻き込まれていくものだと思っています。」

本書取材にあたり、匿名の前提で外部協力者の話も聞くことができた。ここでは仮に〝A氏〟と呼ぶことにする。外部からの指南役として招かれたA氏は、長年金融畑を歩いてきた人物で、十時とは長い付き合いである。スタートアップ投資についてはプロ中のプロであり、経験も豊かだ。

「ソニーでスタートアップ的なことをやる、と聞いて、興味が先に立ったのは事実です。一方、トップが新規事業を思いついて立ち上げる、という話もよくあることです。言葉は悪いですが、最初、ある種の社内外向けのアリバイ的なものかな、とも思いました」

A氏はそう振り返る。

「でも、その懸念はすぐに解消しました。十時さんと食事をしたとき、彼が、この試みが完全にひとりの社員が発案したボトムアップである、と話してくれたからです。ソニーの良さは、個々のエンジニアの創造力や能力ですから、それを引き出せる仕組みにできるかもしれないと思いました」

ＳＡＰのオーディションとその後の助言に関わることになったA氏がまず対面したのは、オーディションに応募されてきた企画の山だった。

「実際、最初のオーディションの蓋を開けてみたら、大変な応募数があったわけです。さすがに紙に印刷するわけじゃないんですけど、全部ダウンロードするのに時間がかかるくらい。百何十件ありました。事業計画をＡ４・３枚ぐらいにまとめてもらったものを見ていくわけですが、百何十件あると、それだけで３５０ページとかになる。３日間ぐらい、ずっと読んでいました」

A氏は当時を思い出して笑う。

プランを見たA氏が〝ソニーらしさ〟を感じたのは、プランの多くが「ハードウェア製品を作りたい」というものであったことだ。２０１６年までにオーディションは7回開催されている。回によって比率は異なるものの、おおむね5割から6割がハードウェアに関するものだという。サービスやビジネスモデル系の提案も意外と多いのだが、一般的なスタートアップ全体で見ると、ハードウェアへの傾注は明白だ。

もちろん、アイデアの質は玉石混交だ。最初の関門を突破できる企画も限られている。当然ながら採択の基準は決まっていて、ある種の按分のもとに採点が行なわれる。〝世の中にあるかないか〟、〝顧客価値が明確か〟、〝ビジネスモデルが描けているか〟、〝競争優位性はあるか〟といったことが審査される。ただし、最初の時点では「全部のポイントが揃っている企画はまずない」とA氏は言う。

「最初は2~3枚の紙のプランです。収益性や事業性ももちろん書いてあるのですが、この段階ではそれほど重視しません。やっぱり〝世の中にない〟、〝面白い〟といったところが優先です。その後のビデオ審査のときに、財務計画を一緒に付けるようにはしてきました」

SAPは収益性を重視している。だが、その点を最初から満たす例は少ない。なぜなら、ビジネスプランを立てる側は、まだ起業のプロフェッショナルではないからだ。

「SAP採択の最終選考会ですら〝これ、収益性が低いからダメだよね〟みたいな足切りはしないんですよ」とA氏は言う。もちろん、足し算・引き算レベルでのビジネスプランが描けていないとお話にならないが、事業計画の厳密さは先のフェーズで磨き込むことになる。

むしろ、その事業が真にユニークなものであることが優先であり、それがなければ立ち上げる意味はない。

SAPオーディション通過後に待ち受けるもの

SAPオーディションは、十時を含めた数名の社内関係者に加え、社外から集められた有識者による最終審査会を開き、最後の検討会が行なわれる。最終審査会に参加する外部有識

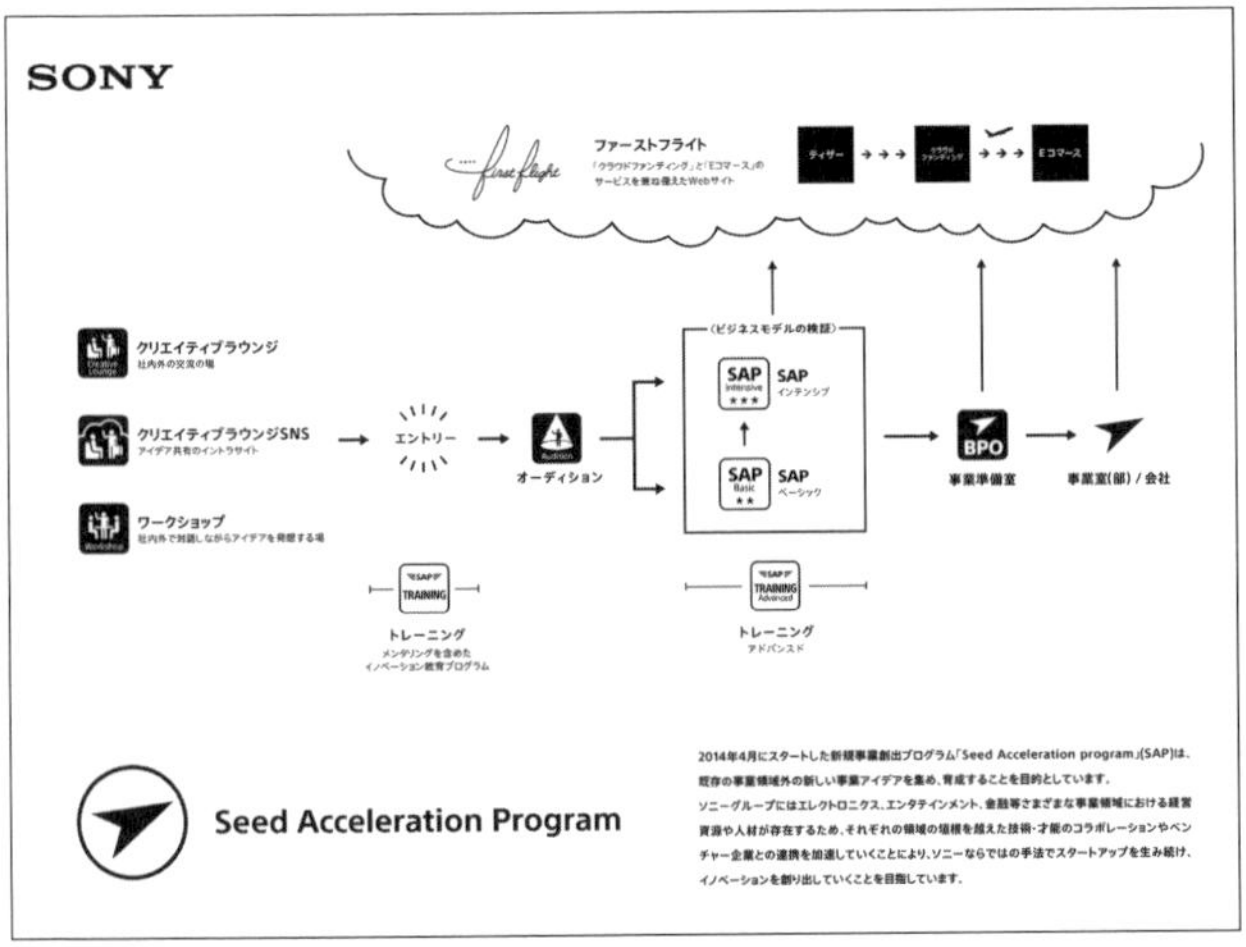

ソニーの社内資料より。オーディションから事業化していくに際しては、幾度かの検討プロセスと、それに応じた〝起業トレーニング〟が行なわれる。

者は、業界も性別も様々で、起業経験者や起業家、投資家や、シリコンバレーでの起業支援が豊かな人物など、ときによって異なる。この最終フェーズを突破できた数件が、事業化に向けて動き出す。

　だが、オーディションを通過したら自動的に事業化できるほど、SAPは甘くない。彼らを待っているのは、事業化に向けた条件を学びながら精査していくフェーズだ。SAP事務局はこれを〝SAPインテンシブ〟と呼んでいる。ここからは、チームは元の事業部を離れ、プロジェクトに集中して取り組むことになる。

　このフェーズから意識するのは〝スピード〟だ。

「ビジネスが進展せず、座っているだけでも費用はかかる。収益を生むまでは予算は日々減っていく。キャッシュが尽きる前に立ち上げなければならない。ベンチャーなら普通のこと」（小田島）という意識から、素早く立ち上げることが徹底されている。

SAP内でステージを上げ、ビジネスプランの検討に入る時のメンター（指導役）も担当しているA氏は、次のような視点を重視している、と話す。

「気にしているのは収益性。収益モデルが描けて、1~2年のあいだに黒字化のメドが立つことを条件に入れてあります。特にリーンスタートアップの手法だと、ここがキーなので、ソニー内部だろうが外部であろうが、変わらないポイントです。SAPインテンシブのフェーズに入ると、そこから具体的にビジネスプランを作ることになります。しかし、そこで作っていったものでも、3ヵ月ごとに見直すので、ガラガラと変わっていくというイメージですかね」

作ろうとするビジネスが異なるので、プランもそれぞれのチームで異なる。しかし現実問題として、SAPのチームは若手が多い。また、それまでは技術者や研究者だったので、経理や調達といった部分の経験は欠けている。入社1年目、2年目の新人が、誰の助けも借りずにできることではない。

「当然誰も最終製品をゼロから作った経験はないので、加速支援者からのサポートを入れてもらいます。また、外部のスタートアップでよく必要になるものを、ソニーの内情に合わせて作り直したテンプレートを用意して、それをベースに進めていきます」（A氏）

ビジネス判断や採算性検討の点で、SAPは一般的なスタートアップ企業と同じ条件で判断される。しかし、そうした企業とSAPのプロジェクトが大きく異なるのは、ソニーが持つリソースを前提としてビジネスを組み立てられる、ということである。ハードやソフトを開発する技術やリソースはもちろんだし、オフィスがすでにあること、経理や法務などの部門がすでに存在することも大きな違いである。特に〝ソニー内部のリソースを使える〟という部分については、より大きな意味が存在するのだが、そこは次章で詳しく説明することとしたい。

ビジネスを3ヵ月ごとに判断していくということは、〝オーディションを通過したにもかかわらず、製品化・ビジネス化を諦める企画もある〟ということだ。市場性を中心としたビジネスプランの問題で諦める場合もあるし、製造・開発などの理由で頓挫する場合もある。そうしたプロジェクトは表に出ないため、我々の目からは見えない。しかし、毎回SAPのオーディションを数件のプロジェクトが通過すること、すでにビジネス化されたプロジェクトの数がそこまで多くないことを思うと、途中の検討で再考され解散になるものも少なくないと想像できる。

なお、オーディションに提出される応募数は、初回に比べ減少傾向にあるという。別に初期の熱気が冷め、諦められたわけではない。新たに挑戦する人もいれば、オーディションに通過しなかったチームが再挑戦する例もある。

数が減った理由は、玉石混交の度合いが減ったためだ。十時は「初期には、〝これは最初から失敗するつもりなのか〞と思うような甘い企画も多かった。でも最近はレベルが上がりましたね。最初から割とこなれているアイデアが増えてきました」と話す。

SNSの〝情報共有〞でクオリティーを高める仕組み

企画の質の向上には、SAPの社内SNSが効果を上げている。社内SNSでは、これまでのオーディションに応募された書類とその結果、そして、オーディションを通過したプランがどのようにして磨かれていったか、という過程に関する情報が残されている。それらは基本的に全社員が見ることができ、自らがSAPのオーディションに参加するためにプランを考える人々の糧となる。

また、オーディションの過程では、第二回オーディション以降、社内のSNS参加者による〝国民投票〞の制度も採り入れられた。投票権は、SNS参加者ひとり3票。社長も重役も平社員も、技術者も庶務も平等だ。この制度が入ってから、SAPのSNS参加者はさらに増えた。2016年6月の時点では、2万人以上が使っている。ソニー本社ビルには約7000人が働いているとのことだから、本社ビル3棟分の社員が利用しているということになる。国民投票を採用した理由は、社員全員に〝自分事〞だと思ってもらうためだ。自分が票を持っているなら、さらにその新規事業に親近感が増す。また、オーディションのプレゼンテーションを見られるということは、今後オーディションに参加する際にプロジェクトの完成度を高めることにもつながる。

第一章で説明したように、『wena』を企画した對馬は、第一回SAPオーディションを通過した『HUIS』を企画した八木の大学時代の後輩である。八木からの直接のアドバイスもあったが、對馬が参考にした情報の中には、HUISの計画を具現化していくうえで生まれたビジネスプランの詳細や、製造のためのノウハウが含まれる。そうしたこともSNSで共有されており、wenaを具現化していくうえでは大きな役割を果たした。

そしてもちろん、徹底したノウハウの情報共有は、後に続くプロジェクトの精度向上にも価値を持つ。SAPがSNSを早期から立ち上げたのは、意見交換だけでなく、そうした知見の蓄積サイクルを作ることが狙いだった。先ほどの十時の「最近はレベルが上がった」という発言は、この仕組みが効果を上げていることを示している。

他社と強みを生かし合う協業例〝Qrio〟

『Qrio Smart Lock』は、SAPのなかでも毛色が異なり、FESやMESHとも違った意味で、新規事業のプロトタイプとなったプロジェクトである。ほかのプロジェ

西條晋一

Qrio代表取締役社長。1996年に伊藤忠商事に入社、2000年にネットベンチャーのサイバーエージェントへ転身、新規事業創出に従事。2013年、ベンチャー育成を目的とした株式会社WiLを立ち上げる。QrioはWiLとソニーの合弁事業。

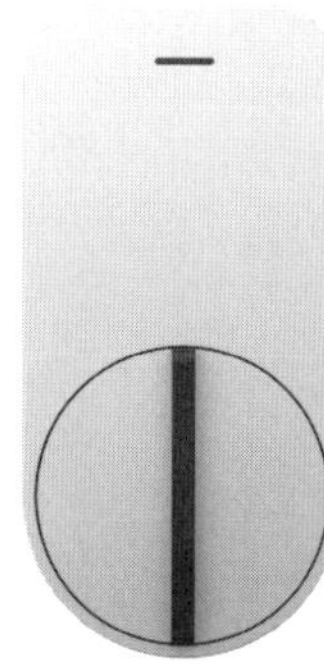

Qrio Smart Lock。家庭のドアにある、鍵を開閉するための〝サムターン〟部にかぶせて、鍵の開閉をスマートフォンでコントロール可能にする。鍵やドアには加工が不要であるのが特徴。

クトがソニー社内でのものであるのに対し、Ｑｒｉｏは他社とのジョイントベンチャー、合弁事業であるからだ。

Ｑｒｉｏは、家庭のドアにあるカギの開け閉めを、スマートフォンから制御できるようにするスマートホーム機器だ。玄関ドアには、カギを操作するための〝サムターン〟と呼ばれるツマミがある。ドアの内側からカギをかける時には、このツマミを回す。Ｑｒｉｏは、このサムターンの上に後付けして、スマートフォンからの信号に応じてサムターンをＱｒｉｏ内部のモーターが回す仕組みになっている。また、内部のタイマーを使い、〝カギが開いたら数十秒後に自動的に閉める〟という動作で、ホテルのようなオートロックを実現することもできる。自宅に帰ってきた時は、カギを取り出すことなく、スマートフォン上のアプリから操作し、カギを開け閉めする。

この仕組みを使うと、カギを持っていない人に、スマートフォンアプリを通じて〝ある時間だけ有効なカギ〟を提供することもできる。合鍵を作らず、家族のスマートフォンにカギを配ることもできるし、来客のために〝その人が来る時間だけ有効なカギ〟を提供できる。個人だけでなく、不動産業や、2020年に向けたいわゆる〝民泊〟の観点から旅行業からも注目されている仕組みである。

2014年には、アメリカでスマートロックを名乗る製品が出始めていた。だが、そうした製品は、ドアに内蔵されているカギを分解し、ドアノブなどをスマートロックに取り換える形で取り付けるものばかりだった。アメリカの住環境では許容できるものの、日本、特に原状回復を原則とする賃貸住宅の多い都市部では、ドアの加工は許されないから、そのままでは使えない。

そこで、日本の住環境に合わせ、ドアのサムターンの上にかぶせる形の後付けスマートロックを作れば、より気軽に導入できるようになり、導入が進むのではないか……。

そうしたビジネスプランをソニーに持ち込んだのが、投資会社ＷｉＬの西條晋一である。西條は、商社の伊藤忠商事やウェブ広告代理店のサイバーエージェントで活躍し、ベンチャー立ち上げの豊富な経験を持つ。そして、現在はベンチャーキャピタル・ＷｉＬのメンバーだ。西條の計画は、スマートロックのアイデアとビジネスプランの持ち込み、最終的な販売や拡販、ビジネス規模の拡大を自社で受け持った上で、ソニーにはスマートロックを設計・製造する技術提供を求める、というものだった。

「新規事業創出部がなければ、西條さんからの申し出をあのスピード感で受けることはできなかったでしょう」

当時を振り返って小田島はそう述懐する。

ソニーは自身で様々なビジネスを企画するが、一方で、ソニーが持つコンテンツの力や製造技術などを頼って、社外からも多くのプロジェクトが提案される。しかしこれまでは、どの部署がどう取り扱うか、定まったルールがなかった。その中には西條のプランのように、お互いの強みを生かせる形でビジネス化できる企画もあるはずだが、なんとなく話を聞くだけでは立ち消えになってしまう。ベンチャーは小さな組織で素早くビジネスを立ち上げたいと考えるが、大企業の〝事業部〟的な組織では、それを受け止めて検討している間に時間が経過してしまい、ベンチャーの時間軸と合わない。象とネズミが一緒に働こうとするようなものだ。

新規事業を作り、ビジネスチャンスを広げるという意味では、社内からの提案も社外からの提案も等価である。その考えから、新規事業創出部では、SAPオーディションと並行して、他社からのビジネス提案も積極的に受ける体制になっている。西條からの提案は、その第一弾ということになる。

西條から提案が持ち込まれたのは、SAPが本格始動した翌月、2014年5月だった。そこから、ソニー内部でバーチャルな開発チームを作り3ヵ月のコンセプト検証を経て、9月に事業計画が立案される。3ヵ月の検証というプロセスは、SAPのオーディションを通過したチームが通る〝SAPインテンシブ〟と同じ形である。そして、2014年12月には協力事業を前提とした組織が組まれた。WiLとソニーが合弁で立ち上げた会社の名は〝Qrio〟。スマートロックの商品名と同じである。この名称は、ジョイントベンチャーを立ち上げるにあたって、〝ソニーの商標の中で、いまは使っていないもの〟のリストから選ばれた。元々は、ソニーが取り組んでいたロボット事業のブランド名だった(ロボット事業は全部大文字で『QRIO』)。12月12日には製品のコンセプトと計画の存在が外部に公開され、同時にクラウドファンディングがスタートした。実質半年というスピードでの事業立ち上げは、ソニーのような企業としては異例の素早さだ。また、このタイミングで事業準備室を設立し、過去にヘッドマウントディスプレー(HMZ-T1)の開発を統括したベテランを室長に迎え入れた。

「トップダウンかどうかで、ジョイントベンチャーの成否が決まります」

西條はそう断言する。西條は、ジョイントベンチャーの経験が非常に豊かだ。中でも大きなプロジェクトであり、成功を収めた事例として有名なのが、クレディセゾンとともに手がけたポイントサービス『永久不滅ドットコム』だ。同プロジェクトは、西條を中心としたチームからの提案で行なわれたものだが、その成功の秘密こそ〝中核企業のトップが直接関わるプロジェクトかどうか〟という点だった。

ジョイントベンチャーは、複数の企業が資産や人材を持ち寄ってビジネスを立ち上げる形態である。それだけに、必要な人材を確保し、チームを組み立てられるか、という点が重要になる。

「商社で学んだことが、ジョイントベンチャーを立ち上げ、成功させる上ではとても大きな役割を果たしている」（西條）

また西條はこうも言う。

「大企業では何かをやりたいと思っても、基本的に分業制です。会社の中には、自分が欲している能力や知識を持っていて、課題を解決できる人が大抵いるものです。とはいえ、それがどこの事業部の誰か、わからないんです。しかし商社の人間は、それを知っていて、実行できる。商社の存在意義とは、問題解決をして、ビジネスを円滑に回すことそのものだからです。誰が・なにをできるかがわからないと、やりたいことは実現できない」

そうした発想から、それぞれの社内・社外にいる人材を活用、最適なチームを素早く構築することが、ジョイントベンチャー成功の近道という哲学をもっている。しかし、大きな企業ほど〝事業部の壁〟がある。人材を持って行かれては、その事業部にとってはマイナスになるからだ。

これは、ソニーがSAPを立ち上げるときに、平井というトップの直轄事業として行なうことにした例と同じ思考である。

同時に、Qrioというプロジェクトの中でも〝トップが直轄する〟という形は大切だった。小田島は次のように説明する。

「大きな会社ではシニアがトップに行きがちですが、Qrioのプロジェクトにおいては、西條さんが絶対君主です。レイヤーはあくまで薄くなければなりません。モノ作りの関係もあり、西條さんの下にシニアが付くこともありますが、やはり西條さんの判断が優先です」

西條は、ソニー側が敷いた体制に助けられた部分も多い、と話している。

「今回のプロジェクトでは、なにかあるとその都度、迅速に、1週間単位で〝これならこういう人〟と、必要な人員をアサインしていただけました。そこがすごかった。けっこうな人数に助けていただいて、驚いています」

Qrioの計画については、西條には誤算もあった。スマートロックというハードウェアを作ることは、彼らが思う以上に難易度の高いものだったのだ。我々は毎朝、玄関のサムターンを苦も無く回しているが、あれはそれなりに力のいる作業だ。それを毎回正確に、しかも少ない電力で行なうにはかなりの工夫が必要になる。では、そこでどのような工夫が必要になり、それをどう手当てしたかは、次章で詳しく説明することとしよう。

エアロセンスが開発した長距離飛行型ドローン。指定した空域を自律飛行しつつ、その場所の状況を映像やセンサーなどで把握してクラウドで分析し、ビジネスでの活用を狙うのが、エアロセンスのビジネスモデルである。

『ＡＩＢＯ』の血を引く
ドローン事業〝エアロセンス〟

Ｑｒｉｏと同様、外部企業との合弁という形で、２０１５年８月に設立されたのが『エアロセンス』である。同社は、ロボット技術を持つベンチャー、ＺＭＰ社との合弁で生まれた会社で、いわゆる〝ドローン〟を主軸とした企業だ。

ドローンを扱うというと、ドローンそのものの販売、というイメージを持ちがちだ。だが、エアロセンスはその領域をやらない。エアロセンスのＣＴＯ（最高技術責任者）であり、ソニーから参加する佐部浩太郎は、設立会見の場でこう説明した。

「価値はクラウド、すなわち解析する側に

ある」

エアロセンスは、自社で独自のドローンを開発する。そのドローンは、地図の指定されたエリアをルートに従い、自動的に飛行する能力を持つ。だが、〝飛ぶ〟機能は問題ではない。同社の主な事業領域は〝センシング〟だ。たとえば、砕石場の砂利置き場を空撮し、山のように積まれた砂利の体積を算出したり、建設現場の上を飛び、資材の利用状況や工事の進行状況を把握したりする。撮影した映像からは、ハイクオリティーな地図や3Dモデルを作成する。それを見れば、前日との違いも簡単に把握できる。

そうした、ドローンに付随する〝状況把握〟の機能をセンサー技術とクラウドを使った解析技術でビジネス化するのが目的である。

エアロセンスはＱｒｉｏが作った、外部企業とソニーとでリソースを出し合う合弁企業のスキームを使って成立した。だが、ＱｒｉｏがＷｉＬ・西條からの発案ありきであったのに対し、エアロセンスはソニー内部で、佐部をはじめとしたチームが描いたビジョンをベースにしたものという点が異なる。

佐部は、ソニーのロボットとして知られる『ＡＩＢＯ』の開発にも携わったエンジニアである。ＡＩＢＯの後に作られた二足歩行ロボットの『ＱＲＩＯ』に関わり、その後には、ソニーのカメラ技術で共通要素として使われている〝笑顔検出技術〟の開発にも携わった。ソニーの中でもエースといえる技術者のひとりである。佐部と仲間たちは、ソニー内で独自にドローンを生かしたビジネスを行ないたいというプランを立て、開発も進めていた。

社内では彼らから持ち込まれたプランが検討されていたものの、〝ドローン〟そのもののビジネス価値には疑問を投げかける向きも少なくなかった。ハードウェア商品としてのドローンは競争が激しくなる傾向にあり、収益性が低くなると考えられたからだ。エースチームをドローンに張り付けるなら、事業部に戻して別の仕事をさせるべきだという意見もあった。

しかし、佐部たちの意欲は強かった。小田島に、「卓上プランはもう疲れた。早くビジネスを始めたい」と要望した。そこで決断したのが十時である。

ただし、折り悪く、ドローンには逆風も吹き始めた。2015年4月、ドローンが総理大臣官邸屋上に落下するという、テロを思わせる事件が起きたのだ。ソニー社内でも、「ドローンの飛行安全性は大丈夫なのか」という意見が噴き出した。実はその日は、十時が佐部にGoを出した日でもある。佐部は落ち込んだ。

その後、社内での落としどころとして出た条件は、〝十時の責任の下に推進する〟ということだった。

エアロセンスはソニーとZMPの合弁企業、と言われることが多いのだが、正確には、十時が社長を務めるソニーモバイルコミュニケーションズとZMPの合弁である。スマートフォンを担当するソニーモバイルがドローンを担当するのは、若干畑違いな印象もある。だが、十時は「ドローンはＩｏＴ機器である」という定義のもとに、ソニーモバイル傘下でのビジネス展開に踏み切った。

まだ課題はある。佐部たちのチームはあくまでエンジニアであり、営業力に欠ける。また、ソニーの販路を使うとしても、エアロセンスがやろうとしている〝センシング〟の顧客となる、土木や建築業界などは付き合いが浅く、実質的にイチから市場を開拓することになる。

彼らに弱い部分をカバーしてくれそうな相手はいないかヒアリングを続けたところ、ＺＭＰからの売り込みがあった。ＺＭＰは自律運動するロボットを手掛けるベンチャー企業で、二足歩行ロボットから自動運転車技術まで、様々な側面で技術開発を行なっている。特にソニー側が評価したのは、ＺＭＰ・谷口恒社長の持つ能力だ。十時はＺＭＰの谷口を次のように評する。

「谷口さんはロボティクスをビジネスにしている方で、我々同様、技術もお持ちです。なんですが、あの方は人柄とチャーミングさもあってトップダウン・ビジネスができるんですよ。Ｂ２Ｂで顧客のニーズをわかり、顧客の立場で話せる。そういうビジネスをドライブする力があるので組ませていただいた。Ｑｒｉｏの西條さんもそうですね。西條さんはシリアルアントレプレナーみたいな人で、人の集め方やビジネスの組み方、回していくためのスピード感など、組む側が学ぶところも多いです」

エアロセンスの社長は谷口が、販路はＺＭＰが担当し、技術はソニーが提供する。エアロセンスの合弁企業を立ち上げる際にかかった時間は、わずかに実質2ヵ月以内という素早さだ。このスピード感は、Qrioで培った合弁会社立ち上げの仕組みとスキームがあったゆえにできたことである。

ベンチャーはなぜ〝クラウドファンディング〟を使うのか？

SAPから生まれる製品は、どれもまだ市場が定まっていないものである。これからの可能性が大きいものを適切なチームサイズで、という基本コンセプトがある以上、それを「どう市場に問うか」ということも問題になる。

そもそも、製品化を検討しているものが本当に市場で望まれているとは決まっていない。どれだけの数を生産し、どう売るかは需要次第。だから需要をリサーチした上で、適切に流通させる手段が必要だ。

数が大きくならないことを考えると、一般的な量販店へと卸すのはリスクが大きい。量販店で売れれば、より広く、より多くの人が手軽に手にできる一方で、流通経路に製品を〝在庫〟する必要がある。在庫分はある種のバッファーであり、多すぎても少なすぎてもいけない。ということは、実際の需要よりも多めに製造する必要があるということだ。また、販売時には流通や量販店側のマージン（取り分）が必要になり、それがメーカー側の利益を圧迫する。

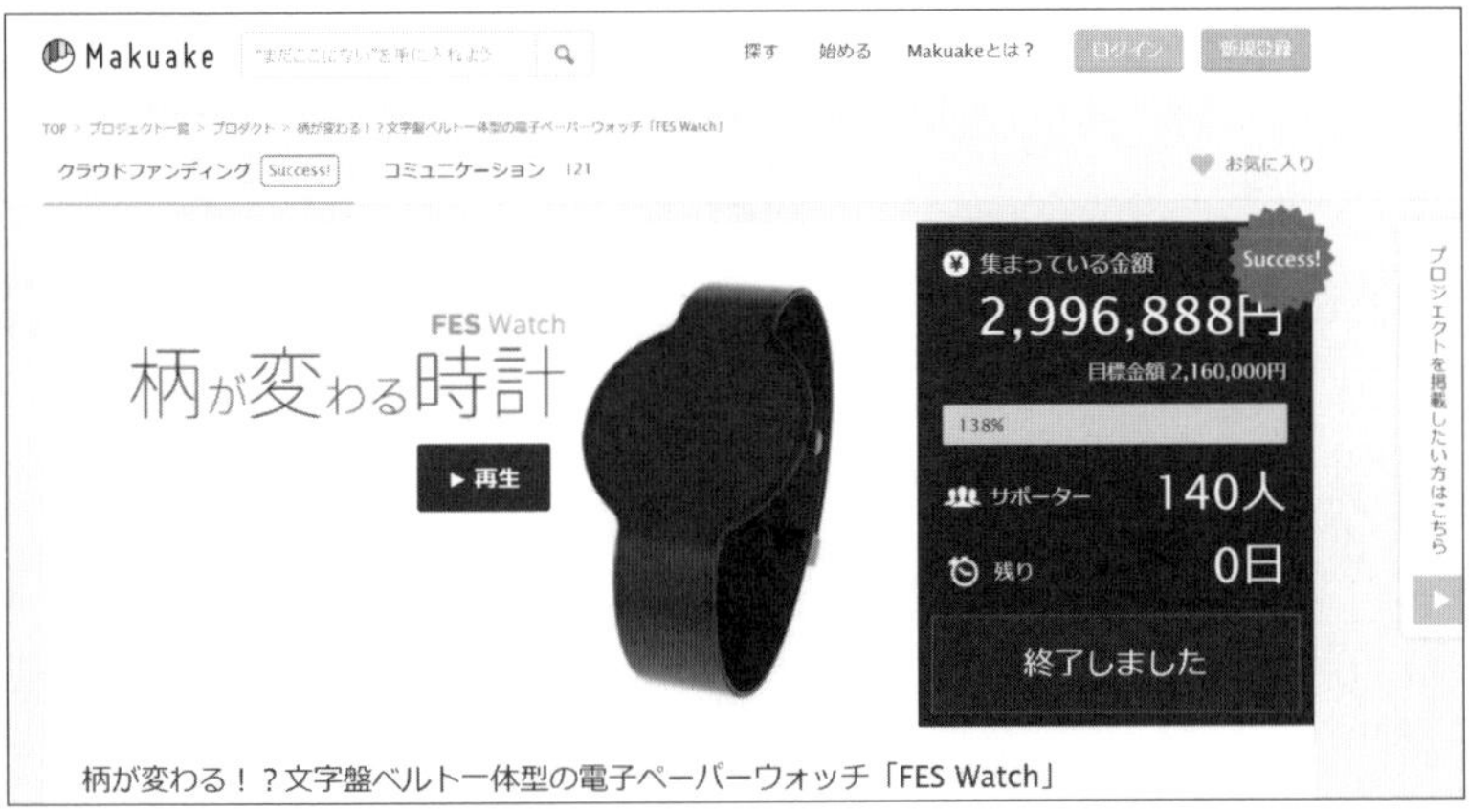

SAPからのクラウドファンディング案件として、FES Watchは最初に世に出た製品。クラウドファンディングサービス『Makuake』を使って展開され、目標金額を超える299万6888円を集めた。当初は〝ソニー製品〟とは明記されていなかった。

需要が明確で、大規模なマーケティングが有効な製品の場合、一般量販店での流通は理に適った方法である。しかし、まだ需要が小さい製品の場合にはリスクが大きい。そのため、この種の〝コンセプト重視型製品〟では、製造企業と消費者との間での〝直接販売〟が有効だ。だからほとんどのハードウェアスタートアップ製品は〝直接販売〟を採る。

過去の製品と異なり、現在提案される新ジャンルの製品は、ほとんどがスマートフォンやネットワークサービスと連携するものになっている。その価値はハードウェアとソフトウェアがセットになって作られており、出荷後であっても、ソフトウェアおよびサービスの改良で進化していける。

また、AROMASTICのカートリッジ

2016年5月、銀座のソニービルにウェブのFirst Flightのリアル店舗『First Flight GINZA』が開店。顧客との接点を作るためのショールームだが、折に触れて各製品の開発者や企画者などが店頭に立ち、顧客と直接コミュニケーションをとるようになっている。

のように、消耗品ビジネスが付帯していることもある。

直販モデルを採るということは、顧客との接点がすでに存在している、ということでもある。ソフトウェアやサービスのアップデートにも、消耗品の継続販売にも、顧客との接点は重要だ。ソニーはこれからのビジネスの方向性として、顧客との長期的な関係を築く〝リカーリング型モデル〟（Ｒｅｃｕｒｒｉｎｇ＝循環）を重視している。ゲーム機で有料ネットワークサービスを提供することや、一眼レフデジカメに多数の交換レンズを用意すること、自動車保険ビジネスなどは、リカーリング型ビジネスの典型例だが、ＳＡＰで展開されるビジネスについても、多くがリカーリング型を指向する。そうすることで、ひとつの製品から長く利益を得られるし、製品に愛着を感じてもらい、次の製品や関連製品を買ってもらえる可能性が高まる。

すなわち、ＳＡＰでのビジネスにおいては、〝需要の確認〟、〝顧客への直接販売〟、〝そこからのリカーリング型モデルの構築〟の３点が必要となる。

こうしたことを実現するために、ＳＡＰで利用することになるのが〝クラウドファンディング〟である。第一章で述べたように、クラウドファンディングとは、ウェブでまず商品の概要を公開し、それを求める人から〝出資〟を募った上で、それが目標額に達した場合に製品化し、顧客へと届ける、というモデルである。これならば、先に挙げた３要素をすべて満たすことができる。

だが、である。

ソニー内部からも、外部からも、クラウドファンディングの利用については、賛意だけが寄せられたわけではなかった。

クラウドファンディングへの批判

ＳＡＰから登場した最初の製品は、ＳＡＰのモデルプランのひとつである『ＦＥＳ　Ｗａｔｃｈ』だ。２０１４年９月、サイバーエージェント・クラウドファンディングが運営するクラウドファンディングサイトである〝Makuake〟に提案された。電子ペーパーを大胆に使い、盤面からバンドまですべてのデザインを変えられる構造は、世界中から注目を集めた。

だがこのとき、FESのクラウドファンディングには、〝ソニー〟の名前が一切なかった。開発元の名称は『Fashion Entertainments』、すなわち〝FES〟だ。彼らは、このプロダクトについて、ソニーの名を隠して事業を準備してきた。理由は、「ソニーのブランドを使わなくても、この製品に需要があるのかどうか」を確認するためである。

「ソニーの名前があると、ソニーファンの方には買っていただけるかもしれませんが、正確な需要がわからなくなります。クラウドファンディングのような公開の手段を取らず、費用をかけ、クローズドに消費者調査をすることもできるのですが、それだと本音があまり出てこない。クラウドファンディングで、本当にお金を払うほど欲しいのか、それだけ欲しい人がどれだけの不満をぶつけてくれるのかが知りたかったのです」

小田島は真意をそう説明する。

しかし11月28日、ウォールストリート・ジャーナル紙は、FESがソニーによるプロダクトであり、「ソニーが新しいスマートウォッチを出そうとしている」と報じた。これはソニー側からのリークではなく、予定外のことだった。

このリークは、賛否両論を呼んだ。

クラウドファンディングはもともと、資本力のないスタートアップが、ビジネスのための原資を集める手段として生まれたものであり、インキュベーションの手段でもある。その性質上、「大企業が利用する必要があるのか」という批判も生まれる。「ソニーには十分な資金があるはずなのに、クラウドファンディングを使っている」というものだ。

ソニー社内からも批判は出た。

製品化前のものをウェブで公開するなど、これまでのソニーにはなかったことだ。小田島は当時のことをこう振り返る。

「クラウドファンディングに公開する、発売前に消費者の意見を聞く、ということ自体にアレルギーがあるような時代です。〝自分たちだけで一生懸命考え抜いたものを出すのがソニーだろう。じっくり100点にしてから出すのがソニーだろう〟というふうに、社員自身が思っていた時期です。クラウドファンディングってなんだ？ お客様からお金集めるのか、と。そういう話の中でモヤモヤとしたところがあって、みんな不安になっていた」

それを変えたのは、平井の一喝だった。

「やればいいじゃないか」、「素晴らしいものじゃないか」

クラウドファンディングの導入は、そうして決まった。小田島は「実際問題、クラウドファンディングから得られる費用だけでは、事業を立ち上げるにはまったく足りない」とも言う。製造にかかる費用を考えれば当然のことで、いまどき、どのハードウェアスタートアップでも、クラウドファンディングからの費用だけで事業を立ち上げる例はない。クラウドファンディングは〝ファンディング〟という言葉とは裏腹に、実質的にはマーケティングツールなのだ。

小田島は「結果的に、FESとQrioがあったおかげで、ソニーの中でもクラウドファンディングの存在が認知された」と話す。

その後、より直接的な顧客との関係性を求め、ソニーは自身でクラウドファンディングサイト『First Flight』をスタートさせる。First Flightはクラウドファンディングではあるが、他のプラットフォームとは異なり、明確にマーケティングツールと位置づけられている。開発チームからの情報をいち早く伝え、顧客との接点を作る場所としての側面が大きい。

現在、SAPのプロジェクトは、〝First Flight〟という名前が示すように、飛行機とパイロット見習い、というイメージで統一されている。だが初期には、ビジネスの〝種〟というイメージから、種から発芽して実になるというコンセプトで進めよう、とも考えていたという。そのプロセスにかかわった大内は次のように説明する。

「オーディションという場を通れば、育成期間を経て、自分の飛行機を持てる。飛行場でお客さんが集まれば飛び立てる。そのようなイメージを大事にしました。最初は〝実になる〟という絵を描いていたんですが、果実を獲ってお金をもらっておしまいではなく、Firs ｔＦｌｉｇｈｔで飛び立ったものが、自分たちの進むべき方向性を見つける、未知の領域に飛んで行く……というほうがいい、と思いまして。実はきちんとしたストーリーにはなっています」

これまでソニー製品は基本的に、ソニーの販売子会社であるソニーマーケティングに製品を卸し、ソニーマーケティングを経て商品を販売してきた。直販についても、ソニーマーケティングの持つ直販機能（ソニーストア／www.sony.jp）を使うのが常だった。しかしＦｉｒｓｔＦｌｉｇｈｔでは、小さなチームで回すという原則に立ち、ソニー本体が直販を担当する。ただし、ソニーには、直販と与信のノウハウがないので、そこではソニーマーケティングとソニー銀行から、社内専門家の支援を受けた。

小さく始めて小さく回す仕組みは、こうして整えられた。

「ソニーらしさ」という魔法の言葉を否定せよ

外部アドバイザーであるＡ氏は、ＳＡＰに関わり始めた初期段階から、明示的に審査対象にしない、と決めている要素がある。

それは〝ソニーがやるべきかどうか〟、〝ソニーらしいか〟という基準だ。

「私には、〝ソニーらしい〟ということが何か、いまだによくわからないんです。言葉は良く

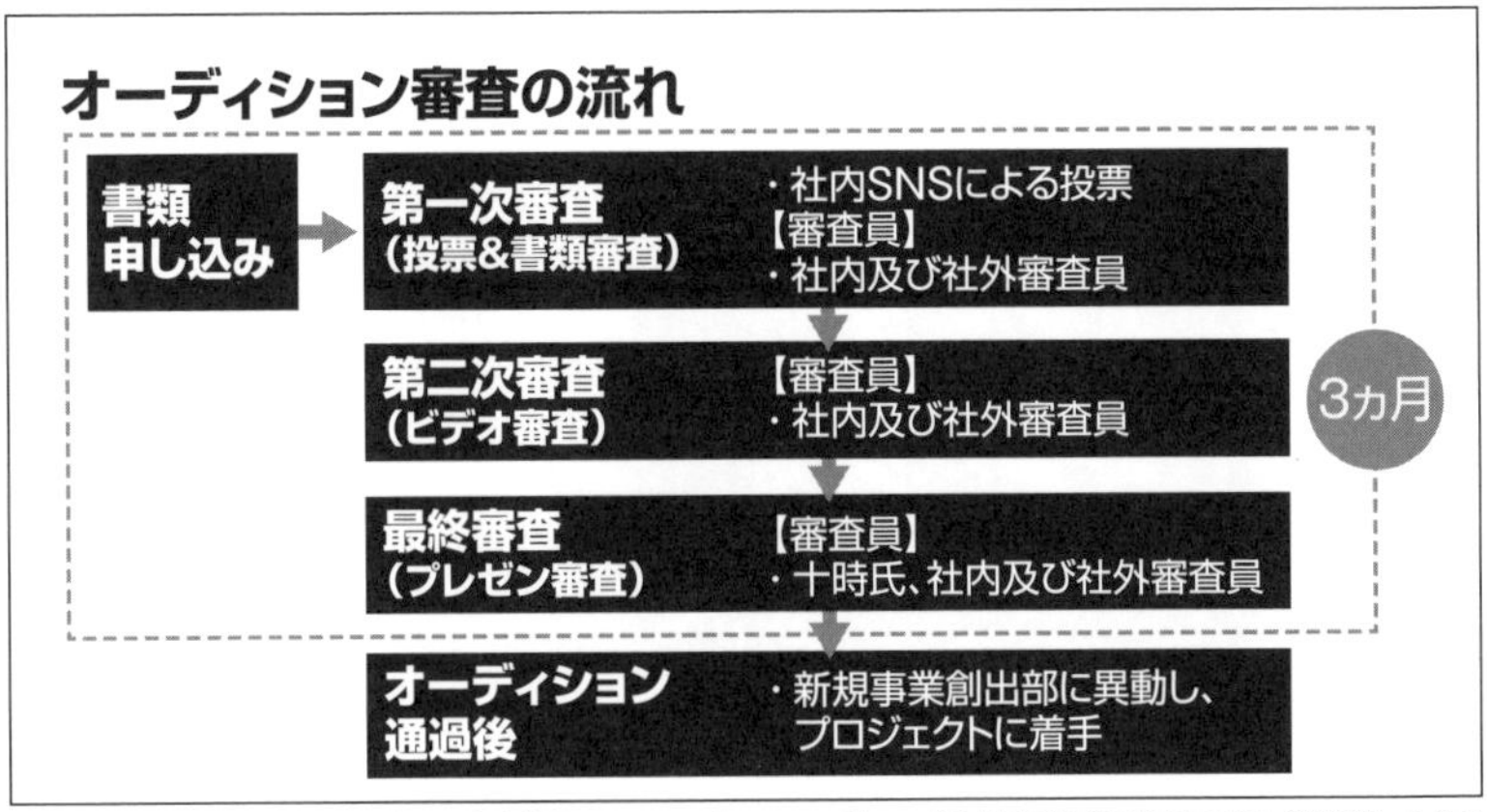

SAPオーディションの流れ。応募から審査終了までは3ヵ月。ソニーグループ全社員が平等に参加できる〝総選挙〟もあるが、最終的には社外の審査員も交え、ビジネスプランを含めた検討が行なわれる。

ないですけれど、〝変わったものを出す会社だな〟というぐらいしか、実はイメージがない」

A氏は率直に言う。

応募されてくるプランの中には「ソニーのブランド価値を生かして」、「ソニーらしいものを」と書かれたものもある。しかし、純粋にビジネスプランとして評価すると、そうしたプランは力がないものがほとんどだという。

「資料には〝ソニーらしいビジネスを作っていきます〟と書いてある。でも〝それって、いったいなんですか?〟と聞くと、答えられない。寄りかかるなにかとして〝ソニーらしさ〟という言葉があり、それを取り払った方がいいプランにはなりやすい」

クラウドファンディングとEコマースを

兼ね備えたFirst Flightで公開されたSAP関連製品は、2016年6月現在、全部で5つある。好みはあれど、それらはみな「ソニーらしい」と評価されることの多い製品だ。

だが、皮肉なことに、これらのプロダクトの多くは、企画応募段階では、「外部に販売するときには、ソニーブランドを外して売りたい」という企画だった。ソニーブランドであることをある意味拒否したものが「ソニーらしい」と評されるのはなぜなのだろう?

A氏は「ある種、ソニーに寄りかからずに作ってみたら、ソニーっぽかったということなのではないかと考えている。

ソニーブランドに責任を持つ立場であるトップの平井は、この件について、次のような言葉で語った。

「たとえば、ソニーの名前の付いたカフェビジネスを始めるとしましょう。仮にカフェのような、ソニーのこれまでのビジネスとは遠いものであったとしてもですよ、〝その場所でお客様がカフェでコーヒーを飲む〟という行為が、これまでのものに比べ根本的に変わるような、なにか新しい体験ができるカフェを作るのであれば、それはもうまさしく、新規事業としてやるべきことです。しかし、単純に名前を使ってライセンスするのなら、あんまり意味ないね、と。いかにお客様に、有益な体験や商品、コンテンツをお届けするかが大事なんです。ソニーのロゴをつければ……というのは本末転倒です」

ソニーというブランドは、ソニー社員にすらその価値を見誤らせる。ソニーの新規事業とは、ソニーのリソースを生かしたビジネスの可能性を探ることではあるが、ソニーに寄りかかることではないのだ。

「評価するうえでは、それがソニーの中のビジネスであるかどうかは関係ありません。あくまで、ひとつのビジネスとして判断します」（A氏）

FESについては、同時期にもうひとつ逸話がある。

クラウドファンディングで製品を世に問う直前、平井のもとに、ソニーの品質保証を統括するマネジメントから電話が入った。

「こんなプラスチックな質感の時計を3万円で売ったら、ソニーの考えを疑われます。私から見ればせいぜい3000円。本当に平井さんはOKするのですか」という問い合わせだ。

それに対し、平井はすぐにOKを出した。

「これは、これまでの、いわゆる3万円の時計を買う層やラグジュアリーな時計をしてきたシニアに向けた製品ではない。セグメントが違う。こういう色が変わる面白いものを欲しい、と思うお客様にお届けするもの。ある意味時計ではない」

ソニーが完全無欠の会社である、というのは幻想だ。もちろん、一気に大きなアイデアを完全な形で出して爆発させられるならそれに越したことはないが、いまやライバルは未完成なものでも世に出し、どんどん改善していくモデルを採っている。なぜなら、ライバルは大手家電メーカーだけではなく、小さなハードウェアスタートアップも含まれるからだ。企業規模の大小など、製品を買う消費者の側には関係ない。クラウドファンディングがもたらしたのはそういう変化であり、それをソニーのような企業が活用してはいけない、というのも不公平な話である。

〝ソニーらしい品位と完成度〟とは、ソニーのブランドを構成する要素としては非常に重要なもので、決して無視はできない。詳しくは次章で述べるが、品質を担保する仕組みこそが、メーカーをメーカーたらしめている根源的な価値と筆者は考えている。

だが、他のライバル全員が〝モルモット〟であるがごときスピードで走り始め、大きなプロジェクトと小さなプロジェクトの併存が進み始めている。ソニーは過去に、〝モルモット精神〟でリスペクトされる存在になった。それが鈍ったいま、他社がモルモットのスピードを手に入れたのであれば、ソニー自身も、再びモルモットの素早さを取り戻す必要がある。そして、そのためには、それを担保する〝仕組み〟と〝決断力〟が必要だった。

結果的にFESは、平井の言うとおり、古典的な時計の価値観でははかれないもの、として評価された。2015年11月に一般店舗での市販が開始され、伊勢丹の時計売り場や、『MoMA STORE』でも大きくフィーチャーされた。

ＳＡＰの信条は「決してプッシュをしないこと」

ＳＡＰには重要なルールがある。小田島が言うには、それは決して「プッシュしないこと」だ。

社内で新規事業創出部を作り、ＳＮＳを作り、新規事業のオーディションを開催する。となると、社内的には、音頭をとる側から、「オーディションに参加すること」、「社内ＳＮＳに書き込むこと」などを強く推奨する動きになりそうなものだ。それが社長直轄事業ともなればなおさらである。

「必要なものであれば使われるだろう、という方針でやっています」と小田島は言う。その思想をもっともよく表しているのが、ソニー社内に作られた〝クリエイティブラウンジ〟という施設だ。

クリエイティブラウンジは、品川のソニー本社1階にある。社内の人間は自由に使えるし、社外の人を招いてもいい。クリエイティブラウンジの中には、レーザープロッタや３Ｄプリンター、各種計測機器など、モノ作りをするために必要な機材が用意されており、使い方も自由だ。ＳＡＰのオーディションを通過したプロジェクトもここを使うし、通過前、オーディションに出す前の検討や試作などにも使える。Ｆｉｒｓｔ Ｆｌｉｇｈｔでのクラウドファンディングがスタートした後には、クリエイティブラウンジに商品を展示するイベントも行なわれた。担当するチームがそこに控えていて、クラウドファンディングへの参加を考えている顧客が自由にそこを訪れることで、プロジェクト担当者とコミュニケーションがとれる仕掛けだ。

クリエイティブラウンジを作ることになった理由は単純だ。SNSと同様に、社内にこれまでなかった形のコミュニケーションツールを求めるなかで「自由にモノづくりに使えて、プランを話せる場が必要」（小田島）と考えたからだ。また、実際のユーザーとなるエンジニア自らが場を設計した方が良いとも考えた。スタンフォード大学へ留学しシリコンバレーの共創空間を体感してきたばかりのエンジニア田中章愛に立ち上げを任せることにした。構想と人は揃った。とはいえ、予算はない。

計画当初、平井や十時からは「渋谷などに場所を借り、そこに設置しては」とも提案された。だが、計算してみるとそれは無駄が多い。そもそも、機材を集めるための予算だって潤沢とは言えないのだ。人員が少なく、予算も少ないSAPでは、場を作るにもアイデアを生かす必要があった。

だが「結果的には社内に作って良かった」と小田島は言う。

現在クリエイティブラウンジが設置されているエリアは、もともとカスタマーサポート用の拠点（ソニーサービスステーション）が入っていた場所だ。それが移転・閉鎖されることになったのを聞きつけ、小田島たちはそこを自分たちで改装して使えないかと当時の総務のトップへ相談をしたところ快諾を得た。彼はソニーの歴史に詳しく、小田島たちにソニーの成り立ちについて語ったという。そこでわかってきたのは、実はいかにソニーが〝自前主義〟ではなく、他社と組みながら成長してきたか、ということだった。小田島たちは衝撃を受けた。ならば、現在のオープンイノベーションの考え方にも合致する。

折しも社内はリストラの真っ最中だ。拠点の統廃合により、使わない椅子や机も出てきた。その中には、ソニーが創業時に使っていたロゴ入りのテーブルまであった。それらをそのまま使えばコストは安くつく。3Dプリンターなどの機材は、ラウンジの趣旨に共鳴してくれた機材メーカーから、借り受けることができた。内装の仕上げは、田中やSAPに賛同する社員が休日を返上して行なった。仕上げには十時や平井も参加した。

自由に議論できて機材も使える場所があることで、新規事業を目指す社員や、そこで行なわれていることに興味がある社員は自然とクリエイティブラウンジに足を運ぶようになった。当初の計画のように、渋谷などに公開スペースを作っていたら、エンジニアから庶務まで、多忙な現場社員が気軽に訪れるのは難しかっただろう。〝本社〟にあったから気軽に来られるのだ。

クリエイティブラウンジからは様々なものが生まれた。試作で苦慮しているものを見た別の社員が、その解決策を示すこともある。

〝共創の場〟クリエイティブラウンジの内装は、SAPに賛同する社員たちが手掛けた。サインの貼り込みは十時氏、オープン時の仕上げは平井CEOが行なった。

そうした自発的な仕組みの循環を作り出すことこそが、ソニーが社内スタートアップに取り組む価値であり、ソニーが大企業になる過程でスポイルされてきたものを取り戻すための試みであった。

第五章

メーカーの本質とはなにか？

「ＳＡＰがソニーを壊すぞ」

ＳＡＰが回り始め、プロジェクトの中から起業化するものも見え始めたある日のこと。小田島は、ソニーの中で経営層に近いある人物に呼び出された。彼は小田島に、いきなりこう言ったという。

「このままでは、ＳＡＰがソニーを壊すぞ」

非常に刺激的な言葉だった。

結論から言えば、この言葉は、ＳＡＰに対する誤解から生まれていた。だが、強い批判を受けるような誤解をされるくらいに、ＳＡＰは社内に影響を与えるようなプロジェクトになり始めていたのだ。

ＳＡＰに対して社内の一部が危機感を抱いたのにはそれなりの理由がある。ＳＡＰが動き出すに従い、各事業部からはＳＡＰに〝自発的に〟協力する人々が出始めた。当時は、ソニーの事業部も再編が進んでいる最中であり、新しい道のために退職を選ぶ人材もいた。ＳＡＰでの新規事業は〝面白そう〟に見える。仮に、ＳＡＰに各事業部の人員が勝手に集中するようになり、業務がないがしろになると、会社を支えている事業部の力そのものが衰える。家電のビジネスは変わりつつある。とはいえ、各事業部が作る家電の力がソニーを支えており、それらの価値がなくなってしまったわけではない。各事業部は、人々に求められる家電を探し、作り続けなければならない使命を背負っている。そのためには多数の人員と高い能力、高度な設備が必要になる。その前提がないがしろになってはならない。

事情を知らない社員から見れば、ＳＡＰが取り組んでいることは〝遊び〟にも見えた。少ない人数で、しかもノウハウのまだない、新入社員がなにかを作っているからだ。メーカーの論理では、それでは良いものは作れない。

もちろんＳＡＰは遊びではない。小田島たちは、少ない人数で、それでもクオリティの担保された製品を、家電メーカーに近いルールで素早く作りあげるシステムを模索していた。小田島が丁寧に説明すると、「ＳＡＰがソニーを壊す」と言った人物も理解を示し、むしろ小田島に積極的な協力を申し出た。

現代はメーカーの〝外〟でも製品ができている

ここで、現在の〝モノ作り〟の状況について、改めて解説しておきたい。

過去、家電を作っているのは家電メーカーだった。たとえばテレビを作るには、家電メーカーが持つ大きなテレビ工場に部材を集め、そこで生産するのが当然だった。部材を作るのは、大手メーカーと提携した協力企業だが、コネクターなどの汎用品を除くと、そのメーカー向けの専用品を納めていると言っていい。いまも自動車はそうした作り方をしている。

しかし現在の家電・エレクトロニクス製品は、大手メーカーであっても、すべてを自社の工場で生産することはなくなっている。今日的な家電の典型例であるスマートフォンの代表、ｉＰｈｏｎｅもゲーム機のプレイステーション４も、各メーカーの工場では作られていない。それどころか、同じ巨大製造企業が請け負って作っている。

そういった製造を請け負う企業が〝ＥＭＳ（Electronics Manufacturing Service）〟と呼ばれる工場である。世界を代表するＥＭＳの多くが台湾や中国・深圳をベースに活躍しており、低コストな労働力を基盤とした生産力を背景に、数多くの家電製品を製造している。ＥＭＳに設計を持ち込んで生産を委託すれば、巨大な工場を持たない企業でも家電メーカーになれる。

たとえば、アップルはｉＰｈｏｎｅの製造に複数のＥＭＳを利用している。だが、最も多くを生産しているのは、台湾に本拠を持つ鴻海精密工業（ブランド名・フォックスコン）である。鴻海は世界最大のＥＭＳであり、ソニーも生産を委託している。その代表が、プレイステーション４などのゲーム機である。大量に販売する製品は、大量かつ効率的に生産する能力のある企業と組むことが必須になった。そして、彼らのような巨大ＥＭＳが、家電業界にとって巨大な力を持つ存在にもなっている。

２０１６年４月、シャープは鴻海精密工業総帥の郭台銘《テリー・ゴウ》氏からの巨額出資を受け入れ、彼らの傘下で経営再建を進めることになった。力関係の変化がここに表れていると言える。

過去には、ＥＭＳの業務は単純な組み立てのことであり、内部の設計の話ではなかった。アップルやアマゾンなどはＥＭＳを活用しているし、大手家電メーカーも活用しているが、彼らは自社の設計を持ち込み、量産を依頼している。特に、アップルのように年間数千万台規模で生産を依頼する場合には、品質で差別化する目的もあり、ボディパーツを加工するための製造機械を自ら持ち込む場合もある。

とはいえ現在は、多くのＥＭＳが自前で優秀な設計エンジニアをそろえており、設計そのもののノウハウを持たない企業であっても、作りたい機器の内容を相談すれば、設計から製造までをＥＭＳ企業が担当し、商品化ができる。このようなアプローチが俗に言う〝ＯＤＭ（Original Design Manufacturer、相手先ブランドによる設計製造）〟だ。もちろん、彼らで不満ならば、メーカー自身が雇用している人材が設計を担当し、その設計に沿ってＥＭＳ側が生産することになる。これが〝ＯＥＭ（Original Equipment Manufacturer、相手先ブランドによる製造）〟である。

現状では、ＥＭＳもＯＥＭもＯＤＭも、厳密な差はなくなっている。要は、そうした製造と設計を担当する企業と、製品の企画・販売を行なう企業は分業が進んでいる、ということだ。

実のところ、日本で販売される家電の中にも、日本メーカーは設計にほとんど手をつけず、ＯＤＭを利用している例は少なくない。たとえば、小型薄型テレビや低価格なデジカメ

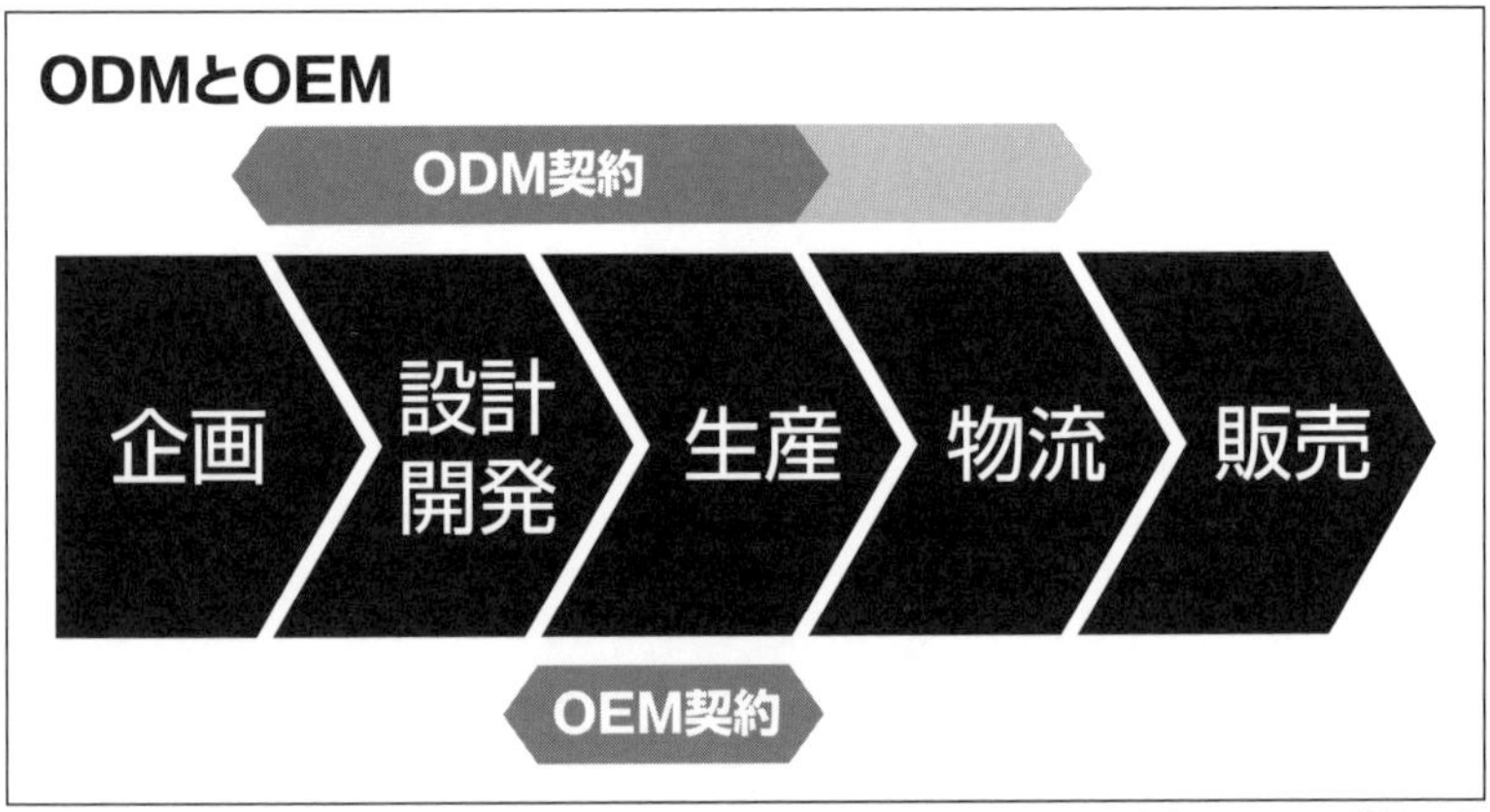

ODMとOEMの担当分野の違い。実際は発注メーカー側との契約により範囲が変わるものの、生産だけがOEM、設計から物流までを手がける可能性があるのがODM、と考えて良い。過去に比べ、ベンチャーや個人が〝メーカー〟になるハードルは大きく下がった。契約によっては、製品を流通に出荷する直前の作業までを受け持つこともある。

は、かなりの数がＯＤＭだ。パソコンもほとんどがＯＤＭである。昔は日本メーカーのお家芸であったようなモバイルＰＣでも、ＯＤＭで十分に設計・製造が可能になった。近年、パソコンの世界で日本メーカーの影が薄くなっているのは、純粋に生産数が減っていることに加え、日本メーカーでなければ作れない部分が極端に減って、スピードの速いＯＤＭの方が〝目のつけどころが良い〟製品を作れるようになってきたからである。

　スマートフォンも同様だ。低価格なものは設計・製造をＯＤＭが担当し、企画する側はほとんど手を下さなくても製品ができる。予算次第だが、外箱作りや梱包すら彼らにお願いできるので、出荷直前までメーカー側が手を出す必要はない。いわゆる〝格

中国・深圳の街並み。中国の中でも特に経済発展が著しい地域で、家電・コンピューターなどを扱う企業が多く存在する。特にスマートフォンとそのアクセサリー類のほとんどは深圳の周囲で製造され、海沿いにある物流拠点から世界中に輸出されていく。

安スマホ〟と呼ばれるものの多くは、そうやって作られている。

深圳には多数のＥＭＳが集まっている。スマートフォンやその周辺デバイスのほとんどが深圳で生産されている。深圳は香港の対岸にあり、海上交通の要所でもある。深圳で生産したものは世界中に出荷されており、この地は〝世界の工場〟のひとつである。深圳は中国第四の都市であるため、非常に繁栄している。高い建物が多く、街を歩く人も活気に満ちあふれている。街中で英語がほとんど使われていないこと、若干垢抜けていないことを除くと、香港にも負けていない。この地にある問屋を巡れば、スマートフォンでもパソコンでも、周辺機器でもカメラでも、電動自転車や電動バイクだって仕入れられる。極論すれば、色を変えたりロゴを変えたりするだけで〝オリジナルの家電〟ができ上がる。そうすれば、ユニークでユーザーのニーズにあった製品を、より素早く市場に届けられるわけだ。

一方でＥＭＳやＯＤＭには大量生産以外の役割もある。より小規模な量産も担当するようになって来たのだ。試作品と設計を持ち込めば、それを量産する手助けをしてくれる。そもそもＥＭＳとはそういう存在なのだが、より生産数が少ないものでもカバーするようになってきたのが、現在のＥＭＳの役割である。ＥＭＳは生産からパッケージングまで、小規模量産品を出荷するための拠点になりつつある。

その結果生まれたのが、ハードウェアスタートアップと呼ばれるベンチャー企業である。商品のアイデアがあり、それを作るコア技術もある。販売した場合のビジネスプランもある。だが量産の工場は持たない。そういう企業にとっては、ＥＭＳと組むことは、ビジネスを実現するための近道である。

ハードウェアスタートアップはナゼ難しいのか？

一方で、ハードウェアスタートアップの道は険しい。アイデアを商品にし、市場に出せる企業は多くはない。

そのことは、クラウドファンディングが示している。いまやクラウドファンディングは、出資を募る方法としても、商品をマーケティングする方法としても「あって当然」、「なければ困る」ものになっている。ソニーが利用したように、ハードウェアスタートアップであれば、クラウドファンディングで自らが作るハードウェアの詳細を発表し、出資を募ることはごく一般的になった。

一方で、クラウドファンディングで〝予定どおり製品が出る〟ことは意外なほど少ない。ほとんどのものが出荷遅延し、場合によっては製品の中身が大幅に変わったり、そもそも完成できなかったりする。年に数度は、製品を出荷するまでに至らず、返金手続きが取られるものがあるし、場合によっては詐欺騒動も起きる。筆者もクラウドファンディングにはいろいろと出資しているが、予定どおりに世に出る〝打率〟は3割に満たない。製品がいつまで経っても届かないものも多い。そのくらい、出荷に手間取るのが当然であるのが、オリジナルのハードウェアで勝負するハードウェアスタートアップの宿命である。

理由は簡単だ。ほとんどのハードウェアスタートアップは、量産のノウハウを持っていないからだ。試作品はきちんと作れても、数千・数万・数十万という台数を作ることになると、そこにはいろいろな罠が待ち受けている。「パーツ形状が合わない」、「漏洩する電磁波の量が試作機と違って著しく多い」なんていうのは序の口。製造の段階では「パーツ調達に手間取って生産開始が遅れる」といったこともあるし、「知らぬ間に工場が休暇に入って予定どおり出荷されない」、「こちらが依頼したものと色が全然違う」という初歩的だが意外とクリティカルなことまで起きる。地雷はそこらじゅうに埋まっているのだ。経験がないと地雷をいくつも踏んでしまうことになり、結果出荷が遅延したり、製品仕様の変更を余儀なくされる。

これが、クラウドファンディングで商品出荷が遅れる理由だ。クラウドファンディングのみならず、新興メーカーの中にも、そういう地雷を踏むところは少なくない。だからこそ、ハードウェアスタートアップは情報共有にいそしむのだが、年に1社や2社は、この種のトラブルに巻き込まれるものだ。中には、ここに書くのがはばかられるほど深刻なパターンもある。

またハードウェアスタートアップは〝顧客対応〟でもトラブルに陥りがちだ。ウェブ経由の直販なら問題は少ないだろう……と思われがちだが、けっしてそんなことはない。顧客のデータベースを管理し、入金を管理し、製品を配送するという業務には、それぞれ固有のノウハウがある。ハードウェアのビジネスをしたいと思う人々は、ハードウェアの設計やデザイン、それが生み出す影響には思いをはせる。しかし、物流や調達、顧客対応となると、どうしてもプライオリティーが下がる。

また、どんな製品も初期不良や傾向不良、故障と無縁ではない。そうした問い合わせに答え、素早く対応すること、すなわちカスタマーサポートの充実は、顧客満足度の向上に直結する。対応が遅かったり、悪かったりすれば、顧客は簡単に離れる。

華麗な成功を収めたはずの企業が、そうしたトラブルで大減速を強いられることも少なくない。典型的な例が、ＶＲゴーグルの有名企業、Ｏｃｕｌｕｓ社に起きた事件だ。

Ｏｃｕｌｕｓは、バーチャルリアリティー用のヘッドマウント・ディスプレーおよび、それを活用するためのプラットフォームの開発で注目された企業だ。２０１２年にコンセプトが公開され、クラウドファンディングが始まると、その先進性から、停滞していたバーチャルリアリティーの市場を一気に活性化する起爆剤になった。２０１６年には、ソニーも含め、複数の企業がバーチャルリアリティー用機器を個人向け市場に投入することになったが、その火付け役だったのはＯｃｕｌｕｓである。２０１４年3月、Ｏｃｕｌｕｓは20億ドルでフェイスブックに買収される。ハードウェアスタートアップのサクセスストーリーとしては最高級のものである。そしてＯｃｕｌｕｓ自身も、２０１６年春より、本命ともいえる個人向け市場用製品を出荷することになっていた。

　だが、個人向け製品の出荷で、Ｏｃｕｌｕｓはつまずいた。出荷が遅れただけでなく、予約者に行きわたるのが確認できていない状態で店頭販売を開始したため、〝予約して待っているにもかかわらず、店頭で買った方が早い〟という大きな批判を招く状況を作ってしまった。２０１６年６月に入っても、混乱はまだ解消していない。

　同時期には、台湾・ＨＴＣがＯｃｕｌｕｓに似た『ＨＴＣ　Ｖｉｖｅ《バイブ》』というバーチャルリアリティー機器を発売している。ただし、こちらはトラブルなく消費者に行き渡った。ＨＴＣはスマートフォンの製造販売で豊富な経験を持つ〝メーカー〟だ。その経験の差が、ハードウェアスタートアップであるＯｃｕｌｕｓとの間で明暗を分けた。

こうしたことは、ハードウェアビジネスをやろうとしているＳＡＰのプロジェクトにとっても無縁ではない。

ＳＡＰに参加するチームはまだ若い。ハードウェア製造の経験もないし、顧客に対応した経験も薄い。彼らもハードウェアスタートアップと同じ立場だとすれば、同じような問題に悩まされる可能性は高い。

ただし、ＳＡＰのチームと外部のハードウェアスタートアップでは、大きく違う点がひとつある。それはもちろん、ソニーという企業がバックにいることである。

メーカーのノウハウをハードウェアスタートアップに生かす方法

ソニーには自社工場があり、生産技術にたけた人々もいる。技術の蓄積もあるし、どこにどういう〝地雷〟が埋まっているかにハナが利く人材もいる。ＥＭＳを使うとしても、彼らとの付き合い方を熟知している人からの助言をもとに発注するのであれば、事情はまったく異なる。

設計・製造するうえで最も簡単な方法は、ソニーの事業部のなかで製品を作ることだ。そのモノ作りのシステムや物流・サポートの仕組みは、基本的に各事業部が考えた製品を生産し、流通に乗せるために用意されたものだ。そのルートに乗れば、思わぬ地雷を踏むこともなくスムーズに製品を世に出せる。

だが、ＳＡＰは〝事業部ではできない製品を世に出すこと〟、〝事業部でやっているやり方よりも素早く世に出すこと〟を考えて作られた仕組みである。また、ＳＡＰでオーディションを通った製品を作るチームは、小さいチームのまま、いろいろな経験を吸収して製品を出すことを目的としている。分業制の事業部とは違うやり方をすることが、そもそもの狙いであり、そうしないと素早く製品を送り出せない。

小田島は、まだ市場が定まっていないような製品を世に出すには、一気通貫で責任を持つ小さなチームであることが必要、と説く。

「メーカーの製品開発は、バケツリレーのように行なわれます。企画はこの人・企画が終わったら作るのはこの人・作り終わったら売るのは別の人で、売り始めて品質問題が起きたら別の人……。そうすると、担当が変わる継ぎ目継ぎ目に、エクスキューズが生まれます。〝こんな企画だから成り立たない〟とか、〝こんな作り方したから品質が悪いんだ〟とか。（ＳＡＰの扱うような商品は）一気通貫に、収益化まで責任を持つことで、そういうエクスキューズが生まれづらくなる。また、まだ世の中に無い商品なので、不特定多数のメンバーで完全に同じビジョンとモチベーションを共有することが難しいという現実もあります。」

逆に言えば、一気通貫に小さなチームという、外部のスタートアップと同じような仕組みを採る以上、ソニーの〝事業部型〟の生産体制は採れない、ということになる。だからこそ、

ＳＡＰを運営していくには、これまでのソニーとは異なる仕組みが必要とされる。

本章の冒頭に出た〝ＳＡＰがソニーを壊す〟という言葉は、新しい仕組みが誤解されたために起きた反発だった。小田島たちが考えたのは、事業部や既存のソニーの力を使いつつ、彼らの知見をさらに高める仕組みだった。

ＳＡＰを支える加速支援者という専門家たち

ＳＡＰ特有のポジションとして、〝加速支援者〟という存在がいる。彼らの多くは、ソニーでそれなりの社歴を積み、自ら〝専門〟といえる分野を持っている。半澤誠規《はんざわまさき》も、そんな加速支援者のひとりである。

半澤はソニーの中で、ビデオカメラやオーディオプレイヤーといった花形商品の多くの設計に関わってきた人物だ。彼が近年手がけてきたのは〝品質保証〟（品証）だ。「半澤さんがＳＡＰに参加しなければ、製品は世に出なかった」と、各プロジェクトの関係者は皆口をそろえる。

ソニーのモノづくりにおいて、半澤が取り組んできた品証の考え方は独特だ。半澤はそれを〝攻めの品証〟と表現する。この言葉を理解するには、ソニーで行なわれてきたモノ作りのトレンドを知る必要がある。製品を作る時には通常、製品企画と技術担当、量産担当が鼻を突き合わせ、量産向けの設計と量産計画を立てる。

ソニーの場合にはそこへ、さらにカスタマーサポート担当が設計初期から計画に参加することが多かったという。サポートというと売った後の仕事というイメージが強いが、本当は「トラブルが起こる前に」、「そうなるトラブルを把握しておく」ことが重要だ。設計の仕方によっては、品質保証のための検査工程も変わってくる。そうした部分の意見を擦り合わせておくことで、製品のクオリティーアップと顧客満足度向上の一挙両得を目指すのが〝攻めの品証〟である。半澤は品質保証のプロとして、このやり方を積極的に進めてきた。その後、ＳＡＰの存在を知り、始動したばかりの新しい仕組みの中で、これまでの知識と経験を生かそう、と半澤は考えた。異動してきたのは２０１５年初頭。ＱｒｉｏやＭＥＳＨといった、先行しているプロジェクトの設計が初期段階だったころだ。

「設計が比較的シンプルなＭＥＳＨはともかく、正直なところを言えば、Ｑｒｉｏは見るからに〝開発商品だな、開発屋さんの設計だな〟という印象でした」

この半澤の言葉は、量産設計に携わった者でないとピンと来ないかもしれない。動作の機構やソフトウェアの検討が行なわれ、まず動くものを作るのが開発だ。いわゆる試作機だが、これは量産品とは異なる。生産効率を上げるうえでどこが問題になるか、強度や耐久性は大丈夫か、それらをチェックするためにはどうしたらいいのか、ということを配慮したうえで設計されるのが〝量産品〟である。手作りで数個売れればいいならともかく、最低でも数千

半澤誠規
ソニー株式会社
新規事業創出部Business Launch Team
シニアクオリティアドバイザー

1980年ソニー入社、8ミリビデオ開発部に配属。その後、カムコーダー、ビデオデッキ、ウォークマン等の各種商品設計担当部長と品証統括部長を経て、現在は各新規事業立ち上げの設計・品質・CS領域を横断的にサポート。

個の量産をするものである。設計最適化は、トラブル回避・コストカットのためにはきわめて重要なことであった。

ただし、Ｑｒｉｏについては、開発側に事業部から移ってきた経験者も多くいたため、適切なコミュニケーションさえとれればうまく進むだろう、との目算があった。

問題はｗｅｎａとＨＵＩＳだ。なにしろこれらの製品は、チームの大半が、まだ経験の浅い入社したてのソニー1年生、2年生である。

「ほぼつきっきりで、試作品を作るのも一緒に座ってやっていましたね。学校の先生みたいです」と半澤は笑う。しかし、ｗｅｎａやＨＵＩＳのチームから見れば、半澤はまさに師匠のような存在だ。半澤の知見を、彼らはスポンジが水を吸い込むように吸収していったという。

「彼らは素直ですからね。虚心なくやり方を覚えてくれるのは、こちらとしても楽しいですよ」

半澤にとっても、その姿はやる気をかき立てられるものだった。

ＳＡＰのチームは、なにかあるとまず半澤のところへと走る。助言を得るためだ。半澤は自ら設計図を見て、手直ししながら助言を与えていく。だが、あくまで助言だ。実際に作るのはチームの彼らである。

小田島や大内といったＳＡＰ事務局側から見ても、各チームの人間からの半澤への信頼は厚いと言う。

「やはり、半澤が実際に一緒になって設計図を見ながらやっている姿を見ているからではないでしょうか」（大内）

ベテランの背中から若手が学ぶ。ある種の徒弟制度とでも言うべき状況が自然にできあがった。

加速支援者が伝えるモノづくり〝秘伝〟のタレ

中でも、『ｗｅｎａ』のチームリーダーである對馬が、半澤から学んだことは大きかった。

對馬はこう述懐する。

「ｗｅｎａは時計のバンドの中にエレクトロニクスの部品を詰め込もう、というものなので、時計業界の人たちと交渉する必要がありました。でも、エレクトロニクス業界とではなかなか基準が合わないんです。そこでの擦り合わせは、半澤さんにとても助けられました」

ｗｅｎａのリストバンドは、一見普通の時計用金属バンドに見えるが、中身ががらんどうになっていて、そこにスマートフォンとの通信機構やアンテナ、バッテリーなどを仕込む設計になっている。各金属パーツの間は薄いケーブルでつながることになるが、そこに耐久性と耐水性の両方が必要になる。金属のパーツについては、初期には金属を削り込んで作ることを考えていたが、それではコストもかかるし精度も上がらない。

結局ｗｅｎａでは、協力企業との議論の末、金属の粉体を型に入れてから〝焼結〟する手法が採られた。ただしこの場合、外観を美しく保つための切削と磨き込みが必要になる。

「検討の末、結局は宝飾品用の技術でできる、ということになりました。細かいねじ穴やアンテナなどの配慮が必要なので」

実はこの判断を下したのは、クラウドファンディング向けに製品のお披露目を終えた後だった。もう時間的な余裕はない。

「ＳＡＰは今までのソニーのやり方とはまったく異なりますね。量産安定性という面では少々怖いけれど、リスクは読めるのでやっちゃおう、ということになりました」（半澤）

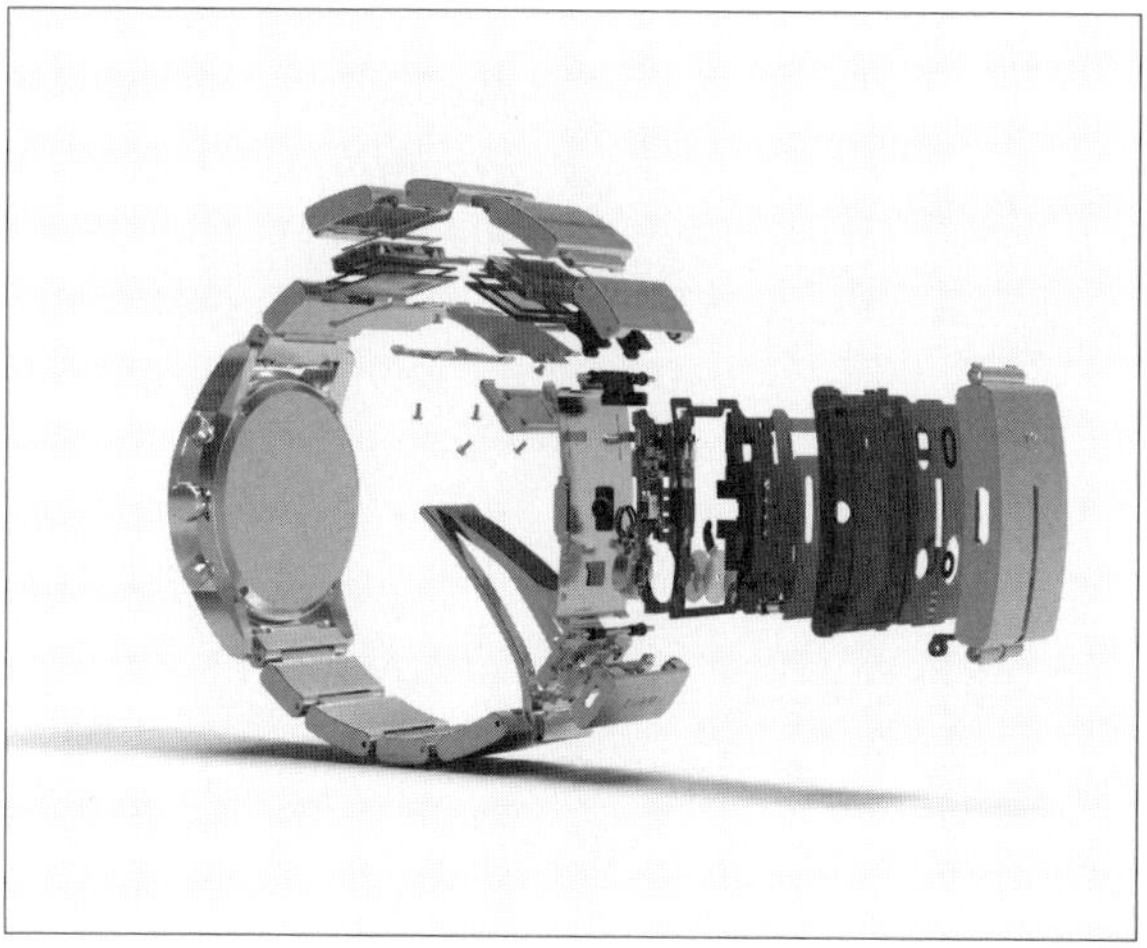

wenaの内部。バンド内に振動センサーからバッテリーまで、様々なパーツが組み込まれており、しかも耐久性も必要とされる。時計のバンド、という形を維持して量産する場合、難易度はかなり高く、様々な工夫が必要だ。

その背景にあるのは、〝クラウドファンディング〟であるがゆえの数の少なさだ。半澤は言う。

「99・9％から100％の良品率に追い込むのはとてもたいへんです。しかし、100台作るうちの1台だったら、リスクが計算できるので市場で対応する、と言う考え方もアリだと思うんです。スタートアップはそうやって負担を軽くしていく発想で考えていく必要がありますし、そうしようと思っています」

ＨＵＩＳにはＨＵＩＳの難しさがあり、ＦＥＳにはＦＥＳの難しさがあった。構造はｗｅｎａに比べるとずっとシンプルだが、ディスプレーに使っている電子ペーパーというデバイスはなかなかに曲者だ。ＦＥＳのように曲げて使うのは本来は難しい。電子ペーパーは小さなインクカプセルが並んだような構造なので、曲げた場所の裏に突起があると、それがつぶれて色が変わらなくなってしまうのだ。そうならないように設計する必要がある。また、ＨＵＩＳのようなリモコンで使う場合、書き換えの反応が速くないと使い勝手が悪くなる。

実は半澤は、電子ペーパーを使った電子書籍端末の開発に携わったことがあり、そうしたクセを熟知していた。だから、彼らのチームにも適切な助言ができた。

半澤が彼らに伝えているのは品質保証の考え方だけではない。ハードウェアを作り、ビジネスを回すための知見であり、設計の知識だ。

「私は設計サポートで、秘伝ノウハウを教えていたようなものですね」

半澤はそう説明する。

「制作側がある考えで、ある仕様にしたとします。でも、それをお客様が〝仕様だ〟とは思わず、不良・不具合だと思えば、〝これは不良じゃないのか〟とクレームになるし、場合によっては返品につながります。昔話ですが商品によっては半分以上が〝不良ではない不良〟で帰ってくるものもありました。返品されたものを見てもどこも悪くない。お客様が指摘している症状すら出ないケースがある。当然〝これはお客様の勘違いではないか〟という話になるのですが、それはこちらの思い上がりです。メーカーとして考えが足りない。製品はお客様に勘違いさせるようなものではいけない、と思わなきゃダメなんです。誰が使っても間違えないようにしないと。そういうことは痛い目に遭わないとなかなか身につかない。みんな、〝俺にならわかる〟と考えてしまいがちなんです」

クラウドファンディングだからこそ、お客様の〝熱〟を逃がしてはいけない

ここで、もうひとりの加速支援者を紹介しておきたい。舟越孝は、ソニーで生産管理やFirst Flightのカスタマーサポートのクオリティーを上げることをやってきたエキスパートである。半澤と同じように、すでに社歴は長い。現場を知る人間として、ソニーの中に現場の知見を残すにはどうすべきかを考え始めたところ、SAPの話が舞い込んできた。だが最初は、「SAPは遠いところのものだと思っていた」と話す。

「社内報などを読んで知ってはいたんですけれど、若い社員・意欲がある社員たちが中心になってやる〝イベント〟なんだろうな、と思っていたんです。面白そうだとは思ったものの、私のように、事業部でがっちりオペレーションをやっている人間とは違う世界で、〝ふーん、いろいろやっているんだなぁ〟というのが正直な感想でした」

その印象が変わるのは、SAPに加速支援者として参加した社員から「SAPは面白いぞ」という話を聞くようになってからである。

舟越 孝
ソニー株式会社
新規事業創出部Business Launch Team/
FF事業室　オペレーションマネージャー

1987年国際基督教大学卒業後、ソニー入社。オーディオ関連製品管理としてインドネシア、香港、韓国に赴任。ローカライズドSCMを牽引。帰国後、車載事業、オーディオ生産戦略、CSを経て、現職。

「ソニーの中で、若者ががむしゃらになにかを作ろうとする印象が薄まっていることもありましたし、話を聞いてみると確かに興味を惹かれる。だから参加することにしました。なにより、私がやってきたことが生かせそうでしたしね」

舟越がＳＡＰに参加したのは、クラウドファンディングとＥコマースを兼ね備えたサイトであるＦｉｒｓｔ Ｆｌｉｇｈｔが、ソニー銀行出身の社員と後のＦｉｒｓｔ Ｆｌｉｇｈｔ店長に就任する小澤のもと立ち上がる直前だった。ＳＡＰ事務局としても初の試みであったため、そこにはカスタマーサポートという考え方が抜けていた。そこで舟越が参加してクオリティーを上げる必要があったのだ。

当時、ＳＡＰに欠けていたものを、舟越

は〝作法〟と表現する。
「お客様のクレームに対して、どう対応するかを具体例で示したり、本当にモノを出荷するっていうことに対しての、お作法ですね。ソニーの名前でやるわけですから、やっぱり品質や環境対策であったり、〝ソニーのルール〟で出さなきゃいけない部分があるんです。いままでは販売会社（ソニーマーケティング）がやってくれましたが、Ｆｉｒｓｔ Ｆｌｉｇｈｔは直接お客様と対峙します。他のＳＡＰメンバーは〝作る〟ところで苦労していましたが、私は物流をやってきました。誰を通してどうお客様に届くんですか？　その時のお作法はなんですか？　物流会社にお願いすることはなんですか？　梱包に気を付けるところはどこですか？　といった部分を指導しました」

こうした知見は、まず〝最初に出荷する実行者〟たちはゼロから学ばねばならない。だがその後は、ＳＡＰの仕組みでは先行する実行者の知見を継承してやっていける。

中でも重要だったのは製品を送る上でのルール作りだ。クラウドファンディングでは、意気込みの強い人、思い入れの強い人ほど早く出資する。その気持ちは大切にしていかなければいけない。

「いくら仕組みを作っても、お客様の温度感は、直接受けた方しかわからない。そこでどうするかが経験です。お客様の声を聞いて、〝これではまずい〟と感じたら、現場判断ですぐに変えていい、としています。なによりお客様から〝Ｆｉｒｓｔ Ｆｌｉｇｈｔってなんだよ。

全然動いていないじゃないか〟と言われないよう、きちんとやりましょう、と」

自分の後に出資した人に製品が先に到着したり、〝本日発送〟となっているものが数日遅延したりすると、出資した人々の〝熱〟を冷ますことにもなる。そうした部分で可能な限りコミットメントを守ることが、Ｆｉｒｓｔ Ｆｌｉｇｈｔにとって最大のカスタマーサポートでもある。

ＳＡＰの商品の梱包設計なども加速支援者の役割だ。どの協力会社を使うと早くなり、トラブルがなく、いくら安くなるか。作業の割り込みができるか。ひとつひとつがノウハウの積み重ねであり、〝その場での判断を伴う対応〟だ。そのやり方を、全体に伝えていく。協力会社との交渉の場でも、舟越は製品の設計担当をなるべく同席させるようにしている。梱包ができあがるプロセスも含めた全容を知っていることが、プロジェクト全体によい影響を与えるからだ。舟越は、ＳＡＰでの仕事に非常にやりがいを感じているという。ＳＡＰという働き方は、チームの小ささと判断のスピード感を重視するゆえに個人が担当する権限が広い。

「我々の知見や経験を信頼してもらっているという実感があります。事細かに報告しなくても、我々の判断に任せてくれる。だから、社内稟議のための資料を作ることは、いまの仕事ではほとんどなくなりました。結果として〝ポジティブな努力〟に集中できるようになっています」

ソニーの中でエレクトロニクス製品の生産を担当する、ソニーグローバルマニュファクチャリング＆オペレーションズ、略して〝SGMO〟。写真は幸田サイト事業所。SAPの製品もここで多くが生産されている。

生産現場に作られた〝SAPファクトリー〟

ソニーはいくつもの生産方法を採用している。半導体のように、自らが多額の投資を行なったうえで作った巨大工場で、他社に作れない付加価値の高いものを量産するケースもあるが、巨大な自社工場という形になっているものは減っている。プレイステーション4のように社外のEMSに委託する場合もあるし、そうでない場合もある。現在は、開発・商品設計・資材調達・生産・物流・顧客サポート・修理などの一連のプロセスをまとめた、ソニーグローバルマニュファクチャリング＆オペレーションズ（以下SGMO）が担当する場合が多い。

ＳＧＭＯはソニーの１００パーセント子会社であり、いわばソニーグループのためのＥＭＳである。ＳＧＭＯの各拠点には生産工場もあり、モノづくりという意味での家電メーカーらしい生産能力は、ＳＧＭＯのような関連企業が担っているといってもいい。

ＳＡＰのプロジェクトで生まれた製品をどこで生産するかはプロジェクトチームの判断に委ねられているが、現在はＳＧＭＯの中で作る場合が多い。ＳＧＭＯで本格的に生産を検討した最初の事例は、Ｑｒｉｏだった。

他の部門との調整ごとと同様に、最初はＳＧＭＯの動きも鈍かった。ＩｏＴの市場規模がわからず、「Ｑｒｉｏが大きなビジネスになる匂いがしない」と、当初の評価は散々だった。そこに、平井からＳＧＭＯ代表取締役の岸田光哉に協力依頼が入ったり、ＳＧＭＯ内部でもＩｏＴの拡大の可能性を感じる人々が入ってきて、ようやく話が動き始める。ＳＧＭＯ内でＳＡＰのプロジェクトが求めるものを開発・生産しようというプロジェクトチームができた。名称は〝ＳＡＰファクトリー〟となった。

だがこの段階でも、小田島が考えたものと、ＳＧＭＯの考えには、まだズレがあった。

ＳＧＭＯが用意したのは、従来の事業部向けの体制と同じものだった。事業部型では、事業部側にも商品企画・開発・検証・品質保証などの担当がいて、それをミラーするような形で、ＳＧＭＯ側にも人員が組まれる。担当同士が組めばそのパートはスムーズに進む、というやり方である。

だが、そうすると組織は大きくなる。十数人のチームが毎回ずらりと並ぶことになると、どうしてもスピード感が鈍くなる。最初から市場規模が定まっていて、何万台・何十万台と作るのであればそのやり方がふさわしいが、SAPの狙いには規模感が合わない。

「僕らは戦艦で船出したいんじゃないんです。ボートでいいんです」

小田島はそう話したという。専門家の集団でパート分けするということは効率も上がるが、一方で戦艦を動かす資金と沢山のマネージャーを必要とする。SAPが目指すのは、コンパクトにひとりが三役・四役こなすようなやり方だから、この方法はフィットしない。

そうして、SGMO内のSAPファクトリーは〝ボート〟になった。小さなパイロットラインにも似たものに、ひとりで複数の役目を担当する、マルチロール型の担当者がついて、SAPのメンバーとやりとりしながら製品開発を行なう。その体制を、案件ごとにブラッシュアップしながら作っていった。もちろんそこには、SAPの各チームメンバーとともに、加速支援者である半澤や舟越たちが席を並べる。半澤・舟越の叱咤を受けながら、各チームの人員は、SGMOとともに製品を作るすべを学んでいくのだ。

〝メーカーの品質〟を支える専門家集団としての法務

ソニーの法務・コンプライアンス部に勤務する有坂陽子は、SAPの〝加速支援者〟のひとりである。家電メーカーにおける法務の仕事は、いわゆる契約書などの制作や確認の他にも多岐にわたっている。

「法務の仕事としては、新規事業でも既存事業でも特に変わりはありません。徹底的に事実を確認して、リスクを指摘し、契約交渉を行ない、今後、品質問題が生じないよう、なにが必要かというアドバイスをする、ということです。基本的には、パッケージから説明書までお客様の目に触れるすべての文面をチェックします」

有坂によれば、ソニーは伝統的に〝法務を経営陣がうまく活用している会社〟なのだという。マネジメント側が困ったときやわからないとき、「法務に聞いてみよう」という意識が根付いている。これは、創業者のひとりである盛田昭夫の方針であったという。

だが、そうした伝統は、マネジメント経験のない若い層には届いていない。法務が何をする部門なのか、ピンとこない人も少なくなかった。企業によっては、社員は法務にあまり良いイメージを持っていない場合もある。ルールを盾に新しい物事を起こす際の壁になってしまう、法務を巻き込むと面倒なことになる、そう考える企業人は少なくないはずだ。

そういう一般論を理解したうえで「それではなんの相談も来なくなってしまう」と有坂は言う。法務の本質は〝事前の安全弁〟である。物事を隠したり、伝えないようになってしまうと、本来の役割を果たせない。だからこそ、まずはＳＡＰチームと法務の間を縮めることを考えた。

有坂陽子
ソニー株式会社
法務・コンプライアンス部
法務グループ　シニアマネジャー

2001年東京大学法学部卒業後、ソニー入社。2014年UCLA School of Law修了。ニューヨーク州弁護士。現在は、法務・コンプライアンス部法務グループにおいて、主に新規事業に関する法務サポートを行なっている。

そこで彼らは、各チームにひとりずつ、専任で法務担当者を付けることにした。

これは、通常の事業部向けのやり方とは大きく違う点である。事業部が担当する製品は、関わる人間も多いし関係する企業の数も多い。そのため、法務も分業制が採用されており、個々のプロダクトの一部を担当しつつ、複数のプロダクトの似た業務を手がけることで、全体的な効率アップを図る。

しかし新規事業プロジェクト、特にSAPのように経験が豊かでないチームが舵取りを行なう場合、彼らの側で〝どこに法務の力が必要なのか〟を判断することができない。だからこそ、法務担当者がチームに専任として付くことで、チームの側が気軽に法務に相談し、法務の側もチームの一員として状況を共有できるようにしたのである。契約書からウェブに出す文言まで、〝それで正しいか〟、〝それでわかりやすいか〟、〝その言い方がのちに問題とならないか〟といったコンプライアンスに関わる部分を彼らがサポートする。

法務面の環境整備は、他社の一般的なスタートアップとは大きく異なり、大企業で社内スタートアップを作る場合の大きな優位点だろう。筆者も多くのスタートアップ企業を取材しているが、彼らの口から法務の話が出ることはまずない。彼らは新しい製品やサービスを作ること、そしてそれを持続的なビジネスにすることで頭がいっぱいだからだ。あくまで一般論だが、特にテクノロジーが関わるものであればあるほど、事務や経理、法務といったバックオフィス的な部分はなおざりにされやすい。

しかし、外部企業や顧客との関係は、大手企業であろうと小規模なスタートアップであろうと変わらない。トラブルは容赦なくやってくるのだ。問題が発生したそのあとに法務担当者に解決を依頼しても、結局は後手後手である。そうなるのは法務が本質的に〝転ばぬ先の杖〟であり、問題がなければ意識されづらいからである。

もうひとつ、特にスタートアップにとって大きいのは、転ばぬ先の杖であるところの法務担当を雇うためにも、やはり費用が発生するということだ。法務は専門職なので、他の業務の担当者が兼任するのは難しい。外部の法律事務所に委託するのが一般的だが、そこにも問題は残っている。

「法律事務所の場合、相談してみて結局なにもなかったとしても、時間制で相談料が発生します。その問題に適切な人物を見つけるのも大変です。でも、社内の法務部に依頼するなら無料です。なにしろ、会社の中の部門ですから」

そう言って有坂は笑う。もちろん、法務担当者の人件費や設備費がないわけではなく、企業全体で薄く負担しているわけだが、新規事業では見かけ上ゼロに近くすることもできる。これは法務部門を抱えている大企業でなければできない。

同様のことは、経理や庶務にも言える。まだ組織が小さい時に、自前のバックオフィススタッフを抱えるのはリスクのひとつである。そのため最近は、税務相談や法律相談、庶務機能を備えたコワーキング型のインキュベーションオフィスが増えている。実際問題として、庶務機能の支援なしに、速いスピードでビジネスを立ち上げていくのは難しいからである。

ソニーはＳＡＰの中で、庶務機能を制度としてカバーした。これは、大企業の強みを生かすよくできた施策と言える。

そしてもうひとつ、ソニーの中の業務であるからこそ必要な部分もある。

「ＳＡＰのメンバーには、新しい製品を生み出していく情熱があります。ですから、外部と契約を結ぶ場合でも、その熱量を持って相手の人と話すわけです。その結果の契約書や合意内容を確認すると、〝あれっ、整合性が取れてないね〟とか、〝この重要なポイントは決めてきたんですか？〟といった穴が見つかることがあります。〝情熱的になったのはいいけれど、本当にこれ、お約束できることなんですか？〟という話もある。新規事業は小さい部署かもしれませんが、私たちはソニー株式会社として契約を結ぶわけです。ほかの部署やグループ会社に与える影響など、全体を考えて物事を進めなければいけません。私たちは契約書をたくさん見ていますので、完全ではなくても、〝過去にはこういう解決の仕方がありました〟とか〝こんなモデルでも解決できるかもしれません〟というふうに、よりよいビジネスを構築できるよう、アドバイスをしています」

新規事業が間接部門の経験値も上げる

一方で、有坂はこうも言う。

「SAPのプロジェクトに専任で参加することは、私たちのためにもなるんです」

SAPの中でどのような新規プロジェクトが動きはじめているかは、SAPに関する社内SNSを見ればわかるようになっている。オーディションにどんなプロジェクトが上がってきていて、どれが通過しそうなのか、ということも社員全員に公開されている。

面白いことに、SAPの新規プロジェクトの法務担当は立候補制なのだそうだ。その理由は、プロジェクトにぴったりと寄り添い、すべての面倒を見るためだ。もちろん、法務の仕事はいろいろあるので、あるプロジェクトの担当になったからといって、SAP関連プロジェクトだけに専念できるわけではない。通常業務の合間を見て担当する、という形である。そういう意味では、ひとつ仕事が増えただけに過ぎない。だが、有坂たち法務の人間にとっても、SAPのプロジェクトに関わることは特別な意味を持つものになりつつある。

通常の事業部向けの業務では、法務の仕事も分業制だ。ある商品に関するすべての領域を担当するのは難しい。ある製品は別の製品から得た知見の積み重ねであり、業務の継承の上に成り立っている。だから、ビジネスのなれそめから現状、状況のすべてを把握するのは不可能だし、そうした人物はまずいない。

だが、SAPのスタートアッププロジェクトは違う。事業がまだ小さく、〝専任〟なので、そのプロジェクトに関するすべての領域をひとりで担当することになる。事業部の製品とは違った観点で、総合的な判断が求められるようになる。その経験は、法務としての知見を高め、視野を広げることに大きな役割を果たす。

SAPが手がけるものは〝家電〟の枠を飛び越えたものもあるため、これまでの知見では不足する部分もある。金融やエンタテインメントならば、グループ企業の法務担当者に問い合わせて、ということもできる。が、そうではない場合もあった。有坂はある例を紹介した。

「SAPでは、FESとwenaという2つの〝時計〟を手掛けてきました。でも、ソニーはこれまで、エレクトロニクス製品はやってきましたが、純粋な腕時計に近いものはやってこなかったんですね。取り扱い説明書にしても、腕時計の場合には定まった表記ルールがあります。最初は〝家電と同じでいいのでは〟と考えていましたが、いやいや、そうじゃない、と。時計にはＪＩＳ規格で表記が決まっていて、それに従う必要がある、ということが、調べるうちにわかりました。ですから、我々が規定を調べ、さらには、他社がどう表記していらっしゃるかも確認しました。個人で買った時計の説明書をじっくりと読んでみたりもしました。それでやっと時計のための書き方がわかるんです。〝今回は時計のプロジェクトが来ました〟といった話が出たら、まずはそうやって、我々自身が勉強を始めていくんです。これまでの事業部では経験できないことですから、私自身の視野もすごく広がったと感じます」

そうやって知見を増やしていくことは、法務担当者としてスキルアップするうえでは重要なものだ。有坂は、ＳＡＰという仕組みはエンジニアやデザイナーだけではなく、法務の意識も変え始めていると語る。

「作っている彼らの熱気が移ってくる、とでも言えばいいんでしょうか。どんどん思い入れが出てくるんですよ。たとえば、製品が外部に展示されるときには、〝大人の社会科見学〟と称して、少し早めに会社を出て、実際の現場を見に行くんです。なにかディスプレーに問題がないかとか、表示に問題がないかとか、あとなにか気づきがないかというのをチームと共有し、一緒に感動を味わって、飲み会をする（笑）」

そうしたことは、本来の法務の役割とは離れたことだ。だが、チーム専任となって近いところで日常的に接していると、彼らもチームの一員となっていく。

法務はメーカーにとって必要な存在であるが、モノ作りの現場からは正直遠いところもある。ＳＡＰのチームに加わることで、法務担当がそのダイナミズムに触れ、喜びも苦しみも共有することになる。そのことは、彼らにとって新しい経験でもあり、楽しみでもある。そしてそこで得られた知見は、ＳＡＰのチームだけでなく、法務担当者としての彼らも、一回り大きくしてくれるのだ。

「だから、次になにが提案されるのかを、法務担当者はみんな楽しみに見ているんです。やりたいものがあったら、即立候補できるように、って」

ＳＡＰに集まる社内に埋もれた知見

ソニーの事業部の中で、自分の仕事をしながらＳＡＰを横目に見ている人々からは、一様に「ＳＡＰは楽しそうだ」という声が聞こえてくる。基本的に、新しいことをするのは楽しいものだ。その過程の苦労も含め、楽しさとして許容できる部分がある。同時に、ＳＡＰのプロジェクトが楽しそうだ、と感じたのは、ＳＡＰのメンバーが、わからないことがあると様々な部署へと足を運び、教えを請いに来るからである。

對馬や八木、藤田といったＳＡＰオーディションを通過したメンバーは、オーディション用のプランを組む時や製品のプロトタイプを作る段階で社内の様々な人々にヒアリングを繰り返したが、「話すのが嫌だとか、面倒だと言われたことは一度もない」と言う。そこには、彼らのキャラクターに依る部分も少なくないとは感じる。だが、もうひとつの本質的な条件として、どんな人も、自分が持つ知見を仲間に展開するのは心地が良いということである。社員が積極的に、自由にコミュニケーションできる場があれば、そうした行為は加速される。第四章で説明した、ＳＡＰ用のＳＮＳや『クリエイティブラウンジ』は、そのために作られた〝場〟でありツールである。

典型的な例をひとつ挙げよう。

Ｑｒｉｏ Ｓｍａｒｔ Ｌｏｃｋの試作機をクリエイティブラウンジで開発中のときの話だ。スマートロックの企画をソニーに持ち込んだのは、投資会社であるＷｉＬの西條だったが、西條は後に「当初の見積もりは正直甘かった」と振り返っている。スマートロックは、〝ドアにあるカギを確実に開け閉めする〟機能と、〝通信によって安全にカギの開閉信号をやりとりする〟機能が重要である。だがそれだけでなく、きわめて大きな要素となるのが「小さな電力でそれらを実現する」ことだ。玄関のドアにコンセントはないからだ。通信ケーブルも来ていない。Ｑｒｉｏの機能は基本的にすべてワイヤレスで実現せねばならない。しかもスマートフォンや他のデジタルガジェットと違い、数時間や数日でバッテリーが切れては意味がない。数ヵ月・半年・1年の単位でバッテリーで動作しつつ、〝カギの開閉〟と〝安全な通信〟の両方を実現する必要がある。しかも、巨大なボディではなく、コンパクトであることが望ましい。全部を満たすのは容易なことではない。特にカギを開け閉めするという部分の難しさは作ってみなければわからないものだった。

クリエイティブラウンジではＱｒｉｏのチームが、仮の機構を考えたうえで試作に明け暮れていた。ある日のこと、それを後ろから見ていたエンジニアは気づいた。

「ああ、それ、私がやっている技術でできるな」

結果、彼はＱｒｉｏのチームにジョインすることになり、製品は完成に近づいていった。Ｑｒｉｏは、現在販売されているスマートロックの中でもかなりコンパクトなものだ。それでもバッテリーは、1日10回の開閉を想定した使い方で、最大６００日持つ。「あのサイズに納めたのはすごい」と他のスマートロックを手がける企業も注目したほどだ。

秘密は、後から合流したエンジニアの専門にあった。彼は、デジタルカメラのレンズに使われるモーターのエンジニアだったのだ。デジタルカメラでは、高速なズームやオートフォーカスのために特殊なモーターを使う。シャッターチャンスは待ってくれないので高速に動く必要があり、消費電力も小さくなければならず、コンパクトでなければならない。だからこそ、その技術をスマートロックに流用すれば、求めていたものができる。彼から見れば、Ｑｒｉｏでやろうとしているアプローチにはいくつも穴がある。デジタルカメラの部隊から何人かが異動してあたれば、そうした部分のクオリティーが一気に上がるのがわかっていた。そこで、数名がチームとなってＱｒｉｏに合流、完成度アップに努めたという。

関係者に聞くと、こうした例は他にもいくつもあるようだ。ソニーの現場にあるノウハウや知見が有用であり、ＳＡＰの中で必要とされると、各事業部からはその担当者が一時的に異動して当たることになる。

同様に、Ｑｒｉｏについては、スマートフォンとの間で通信をするための技術についても難易度が高かった。ドアはたいてい金属でできており、電波が通りにくい。鍵の開け閉めという秘匿性の高い通信を、安定して、しかも消費電力を抑えて行なうには、ソニーが研究所で開発していた最新の無線技術を使う必要があった。

「Ｒ＆Ｄ（研究の最前線）から通信技術を借りられたのは、平井が〝社長直轄でやる〟と言ってくれたからこその成果です。Ｑｒｉｏを立ち上げる直前に、Ｒ＆Ｄの重要人物である海老澤（筆者注：ソニーＲ＆Ｄプラットフォーム 研究開発企画部門長の海老澤観）にお願いをして、参加してもらうことができたので、Ｒ＆Ｄから無線の技術を借りることもできました。エンジニアの力を借りるために海老澤から話をしてもらうことができるようになったので、いろいろなことが可能になりました」（小田島）

また、スモールチームの功罪として、開発フェーズが進むと当初のチームメンバーの知見やスキルでは対処できなかったり、そもそも課題を認識すらできない問題が出てくる。そこで、開発段階で指南役を設置し、要件を洗い出したり、必要に応じてエンジニアをあてがうといった支援体制が望まれる。その指南役には実績に裏打ちされた十分な知見が必要になる。

そこで小田島は平井の意向をうかがった上でソニー執行役の石塚茂樹に指南役をお願いしたところ応諾を得た。現在は、石塚だけでなく、現カメラシステム事業部事業部長の小島政昭など実績豊富なマネジメントによるアドバイザリーを受けるようになっている。

ソニーは技術の会社と言われるが、各製品を担当するそれぞれの部門すべてに技術があるのか、というと、そういうわけではない。特にSAPのように若く、アイデアが先に走りがちな部門では、それを支えるエンジニアの力が不足することが少なくない。人づてに探すだけでなく、半澤や舟越といった加速支援者の知見・人脈を使うこと、社内の仕組みを生かして、能力を持つ人々が協力しやすい環境を整えることが重要だ。

〝兼務〟や〝一時参加〟でソニーの知見を有効活用する人事制度

SAPでは、人のつながり、すなわち〝ネットワーク〟を大切にする。疑問があったらそれを持っている人を、ネットワークを介して見つける。知見を生かすのであれば、それでいい。では〝労力〟を生かすには？　そのためには、新しい人事制度が必要になる。

現在ソニーでは、新規事業などの目的に対し、一時的な異動や兼務を積極的に活用し、人員を〝短期的に借りる〟制度ができつつある。

たとえば、ある部分の開発に人が必要だが、問題の解決に必要な数ヵ月だけでいいとする。

これまでは、そうした人材が必要になると、ある程度の期間確保するため、正式な〝異動〟の手続きがとられた。これは、小さな組織には不利なものだ。数ヵ月だけでいいはずの人材コストを半年、1年と確保することになるからだ。必要なところで必要な人材が、必要な期間動ける制度ができれば、全体の効率はさらに高まる。SAPの例で言えば、一時的な兼務の形をとり、必要な仕事が終わったら元の事業部へ戻すことができるので、〝エースの引き抜き〟にはならない。

そういう形の例として、小田島は〝パッケージデザインの担当者〟を挙げる。最近の家電製品は、パッケージデザインにシンプルな高級感を持たせ、買ってきて箱を開けたときの体験をよりよいものにすることが当然になった。パッケージそのものが、製品やブランドへの支持に大きな役割を持っているという考え方だ。一方で、廃棄や生産の観点では、なるべくコストをかけず、リサイクルも容易なものにしなければならない。だから、単にきらびやかな箱を作るだけではうまくいかない。

SAPで扱う製品についても、消費者体験を高めるためにパッケージングにはこだわりたいが、そのための人員を新規事業創出部に張り付けておくことはできない。新規事業創出部が扱う製品はまだ数が少なく、一般的な事業部の製品のように、毎年この月に新しいものが出ると決まっているわけではないからだ。

そのため現在SAPでは、元々はヘッドホンのパッケージデザインを担当している社内の匠に、必要なときだけＳＡＰ向けの仕事をしてもらえるようにアサインしている。

このような社員の持つ能力をシェアして価値を高める、というアプローチは、ＳＡＰからソニー全体に広がりつつある。

品川のソニー本社1階に作られた〝ソニー・クリエイティブラウンジ〟。SAPから生まれた共創空間であり、3Dプリンターや各種計測機器が自由に使える形で置いてある。社員は自由にここを訪れ、試作などを繰り返せる。時には外部の人々とのコラボもここで行なう。

第六章

良薬か、劇薬か? ＳＡＰの先にあるソニーの未来

ＳＡＰがソニー社内でスタートしてから、２０１６年６月で２年余りの歳月が経過しようとしている。製品を出荷し、ビジネスを本格的に動かしているプロジェクトも増えてきて、ＳＡＰは立ち上げのフェーズから、定着のフェーズへ進んでいる。ＳＡＰはソニー社外からも注目されており、経済産業省が運営する『第二回日本ベンチャー大賞』において、〝イントラプレナー賞〟を受賞した。大企業のリソースを活用し、社内ベンチャーを回していく仕組みを評価されてのものだ。

では、そこに課題はないのか。これからＳＡＰが進むうえで、どのような点が重要になっていき、それがソニーにどのような影響を与えるのだろうか？

最終章ではその点を考えてみたい。

注目度は高くても〝小粒なビジネス〟という批判

「迫力、経営者としての資格という意味では、社内ベンチャーは独立したベンチャーには勝てないと思います。彼らは自分たちの資金をつぎこみ、家族の生活までかかっているわけじゃないですか。自分がやるからには赤字だったら、やる意味がない。だったら量産しなくていいですし」

『ｗｅｎａ』を担当した對馬は、自ら手掛ける事業への覚悟について問うと、そう答えた。ｗ

enaはクラウドファンディングで1億円の支援を集め、2016年6月30日には正式販売も開始された。1億円という金額は個人にとっては大きなものだが、事業をすることを考えればさほどでもない。wenaのビジネスには1億円を超える費用が掛かっていると予想できるため、現状だけ見れば對馬らのビジネスは赤字だ。もちろん、ソニーの狙いも、對馬の見据えるゴールも、もっと先にある。クラウドファンディングで売った単発製品で終わらず、この先のビジネスを拡大していくことで、彼らのプロジェクトは成功に近づいていく。それまでの道のりは遠いものではなさそうだが、それでも〝まだ赤字〟であることには変わりない。對馬が言うのはそのことである。

SAPのビジネスについては、当初より外部からの批判もある。批判の中心は〝ビジネスがあまりに小粒だ〟ということだ。對馬が自ら認めるように、SAPのプロジェクトはまだ大きな利益を上げる段階にはない。クラウドファンディングで成功したといっても、その金額は大企業のビジネスの枠から見れば小さい。往年のウォークマンやプレイステーション、現在のiPhoneのような〝巨大なビジネス〟の登場を期待する人から見ると、ハードウェアスタートアップ的な規模のビジネスはいかにも小粒に見える。

SAPをはじめとした新規事業の収益貢献について、平井は筆者に「その辺は、一般的な事業と分けて考える必要がある」と説明する。

「いますぐに大きな売上を出して、他の事業部の製品と同じように利益貢献してくれる性質のもの、とは考えていません。こうした話は、ソニーが中長期的にどちらの方向に行くのか、というもっと大きいテーマの話です。ここは誤解されてはいけないと思うのですが、全社の進むべき方向を〝SAPにお願いします〟という気はありません。そういったビッグピクチャーの話は、私を含めたソニーのマネジメントがアカウンタビリティを持って真剣に取り組むべき課題で、事実そうしています。そこはレイヤーが違うんです」

すなわち平井は、〝ボトムアップ型のSAPは将来にとって重要なものだが、会社の長期的な方向性はトップダウンで出さねばならない〟と考えているのだ。ビジネスの規模を考えれば当然のことであり、だからこそ、SAPの既存事業との棲み分け、既存事業に対するプラスの効果を考えながら推進しているのだろう。新規ビジネスへシフトチェンジ、というとストーリーは美しいが、企業価値全体が毀損するようでは本末転倒だ。

それでも、種は蒔かねば育たない

小粒、という批判の軸のひとつは、SAPから生まれるものがモノ中心であることにも起因しているだろう。そうした事業は、独立したハードウェアスタートアップにもたくさんある。ソニーがそれと同じことをやってどうするのか、という論調だ。近年大きなビジネスに脱皮しているのは、どれも〝プラットフォーム型〟のものである。iPhoneにしろ、ソニー自身が仕掛けたプレイステーションにしろ、ハードウェアで利益を得つつ、ソフトウェアのライセンス料やネットワーク利用料、周辺機器からの収入といった、多角的で長期的な関係から収益を得ている。どうせビジネスモデルを組むなら、そうした絵を描くべき、という指摘だろう。

この点について、十時は別の軸から評価を語る。

「ソニーの中から出てくる新しい事業は、圧倒的にモノが多いですね。やっぱり〝新しいモノを作りたい〟、〝みんなの欲しがるようなモノを作りたい〟、〝いままでにないモノを作りたい〟というモチベーションが非常に高い気がします。ベンチャーを起こすときに、〝お金持ちになりたい〟とか〝すごい仕事をしたい〟ということは非常に重要なインセンティブだし動機になるんですが、ソニーのＳＡＰに応募してくる人たちは、どちらかというと〝こういうモノを作りたい、世の中に必要なんです〟みたいな動機の方が強い感じがします」

すなわち、それはある種ソニーのアイデンティティーであり、特徴なのだ。そこからどれが伸びるかは、やってみなければわからない。

そこで重要なのは「これは売れるはずだから」という思い込みから事業計画を立てないことだ、と十時は言う。

「よくあるのは、〝これだけ売れる〟という前提で事業計画を立てること。市場性よりも〝これはいいものなんだからこれだけ売らなきゃいけない〟という前提、すなわち逆算での計画になってしまう。みんな自分では〝逆算していない〟と言うんですが、無意識に逆算で組み立ててしまう。そういう意識を変える仕組みを、いまＳＡＰでは考えています。そこはソニーがちょっと弱かったところだと思うんです、元々。ソニーは自分が作りたいものを作る、〝プロダクトアウト〟である、とも言われます。でも、そういうモデルを体感することで、将来の経営者の候補ができるんじゃないかな？　と期待するところがありますね」

一方で、十時は〝小粒批判〟についてはこうも答える。

「規模の大小を議論するのは、あんまりゼロから作ったことがない人じゃないですかね」

この指摘はある意味辛辣だ。十時は続ける。

「大粒・小粒の議論は、そもそも規模があるものに参加している人が、そういう風に思うんです。アントレプレナーや、自分で事業を起こして大きくなった人は、最初の規模の大小は問題にしないケースが多いです。彼らは非常にユニークな着想に、一気にベット（賭け）します。いまは影も形もなくても、たとえば数十億とか数百億をベットする人はいます。そういう話じゃないですかね」

起業支援者としての経験が豊かな十時は、〝種は種だ〟という見方をする。ＳＡＰでやっていることは確かに小さいが、最初が小さいからといって、それが大きくならないと考えるのは間違いだ、という指摘である。最初から育つものがわかるなら苦労はしない。トライしなければ、種は植えてみなければ育たない、と十時は考える。

十時が過去にインキュベーターとして関わった企業に、『ｍ３』（エムスリー）という会社がある。ｍ３は医療ポータルを手がける企業だが、２０１６年6月現在、時価総額は1.1兆円を超えている。医療関係者では知らない人のいない〝隠れた超優良企業〟である。

「エムスリーに最初にソネットから投資をしたときには、入れた資本の額って数億円程度なんですよ。でも、ある程度の時間をかけてここまで来た。最初から大きかったわけじゃない」(十時)

　また、〝仕掛ける〟ということについて、平井は以前、筆者にこう語っている。

「ソニーは、出して失敗して、〝おまえなにやってんだ〟と叱責されることより、〝本当にこんなの出していいの？〟と、それ以前にブレーキを踏む、保守的な発想になってしまった時期があります。私は〝これ面白いからとにかくやってみようよ〟を大事にしたい」

　破顔しながら平井は続ける。

「レコード会社が新人を10組出したら、まあ、当たるのは2組。全部当てる百戦錬磨のプロデューサーなんていないんですよ。それと同じくらいの確率……というと、リスクが高いと言われるかもしれませんが、そのくらいの発想で、どんどん議論して出していくことが、大事なんです」

　そこで使うのが、ソニーのインフラだ。第五章で解説した加速支援者や短期間兼務の人事制度、ＳＡＰファクトリーを使い、小さな規模でも素早く立ち上げることを狙う。

「いいアイデアがあったなら、ソニーという巨大なインフラのほんの一部をスピーディーに使って、どんどんプロトタイプし、製造に回す、ということをできるようにすれば、これはもう〝イイトコ取り〟です。ソニーの中でエンジニアに聞くだけではなく、〝アドバイスを聞きたいので、ソニーミュージック経由でアーティストの人を紹介してもらいました〟といったことも起きています。小粒だとは言えますが、じゃあいままでのソニー、いままでの日本の家電がずっとやってきたやり方だけでいいんですか？　と、逆に私から問いかけたい。これからは、いろんなアイデアを大きくしていく芽を、いかに多くするかが大事です。そうしたプランが世に出て行く、ということを社員が見ることで、彼らは勇気づけられる。その中には、世の中を変えていく商品やサービスがあるかもしれない。可能性を閉ざすこともないし、小粒だと批判するつもりもまったくないです」

ＳＡＰでは２０１６年４月に欧州にも同じ新規事業創出のプログラム導入を開始し、日本だけでなく欧州にも機会を求め始めた。国内ではさらに２０１６年５月に、社外のスタートアップを対象としたオーディション〝Ｓｏｎｙ-Ｓｔａｒｔｕｐ Ｓｗｉｔｃｈ〟を開催した。ＳＡＰのプロジェクトと同じく、このオーディションを通れば新しいビジネスへのチャンスが開けるわけだが、その時にはソニーのリソースを活用するチャンスもある。これは、ソニーがそのリソースを社内にとどめるだけでなく、外部にも開いて活用していく窓口としても機能する。

平井は、アカウンタビリティを旗頭にするものとして、収益への責任も指摘する。

「大事なのは、小粒だろうと大粒だろうと、最終的には収益を狙うこと。世の中に提案して、いろいろなリアクションがあって、クラウドファンディングも成功した。それは素晴らしいけれども、たとえばｗｅｎａならば、次にどう収益化していくんですか？　ということも考えてもらいたい。商品が出てくれればそれだけでＯＫ、ではまったくない」

十時も「いまのＳＡＰのメンバーには、ずいぶん次へのプレッシャーがかかり始めていて、彼らも課題を強く意識している」と話す。

大前提として、ＳＡＰはコストセンターではなく利益部門である

一方、ＳＡＰの収益性に関しては、興味深い考え方がある。外部からのアドバイザーとしてＳＡＰに関わっているＡ氏（第三章を参照）は、ＳＡＰへのアドバイザーを依頼されたとき、十時から次のようなことを言われたことを覚えている、という。

「十時さんはこう言うんですよ。〝この新規事業創出部っていうのは、プロフィットセンター。コストセンターじゃない〟と。これはいい、と思いましたね」

プロフィットセンターとは、文字通り〝利益を生む部門〟のことであり、コストセンターは〝収益を使う部門〟のことである。Ａ氏は十時のこの言葉でピンときた。

利益を生む方法は、いくつもある。第一には、製品を売って収益を上げること。サービスを軸にした場合にはサービス料収入となるが、これも同様だ。技術を他社にライセンスする、というやり方もあるだろうし、究極の場合、部門ごと他社に売却する、という考え方もある。

「ＳＡＰで始めていることは確かに小さいんですけども、ずっと小さいままでいるべきではな

い。可能性があれば、大きくもするわけです。うまくいけば、コーポレート・ベンチャーキャピタルがお金を入れるようなフェーズになっていくビジネスがあるでしょう。だからまず、そういうものを育てないといけません。それができるようになったら、その次のフェーズで、たとえばプライベート・エクイティ（筆者注：未公開企業に対する外部からの投資）が入ってくる。そうなると、誰が見てもちゃんとしたビジネスに見えるでしょう。でも、いきなりその規模の事業が一夜にして現われることは、基本的にありません。数を重ねて、経験値を上げて、みんなで頑張ってそういうビジネスを作ろう、というふうにしていくしかないんじゃないかなと思っています」

大企業は多数の収益源を持っている。ある部門が収益を上げていなくても、他の部門で収益を上げることができる……と考えがちだ。特に、若手を成長させる責務を持っている部門、新規事業を開拓する部門は、そうした発想に陥りがちである。ＳＡＰについては、「ベンチャーごっこに見える」という批判もある。それは、大企業の中でやっているがゆえに、収益性に対し真剣になれないのではないか、という批判だ。

しかし、ＳＡＰにおいては「そういう考え方を採らない」と十時は言う。

いい製品・いいビジネスがソニーの中から出てくることを、十時は経営者としてだけでなくソニーファンとして待っていると言う。ＳＡＰに関わるのはそれを支援する意識もある。

「事業を推進するうえでいちばんハードなことは利益を出すこと。だからそのハードさから逃げない習慣を身に着けてほしい。利益を出さなくていい、と考えた瞬間に、ハードさは80％くらい消えてしまう。どんなに一生懸命やっても別に努力賞はない。結果がすべてです。それがたとえ運であっても。そういう現実と向き合う力を身に着けてほしいし、それに慣れてほしいんですよ。それはストレスとプレッシャーなんですけど、働いていくうえで、そのストレスとプレッシャーから解放されることはない。ないから、そういうものと二人三脚で生きていけるくらいの人になってほしい。だから利益にはこだわります。まあ、借りた金は返せ、ということでもあるんですがね」

30代でソニーを出て、ソニーとしては異業種といえる銀行業を立ち上げ、以来、アントレプレナーとして生きてきた十時の言葉は重い。

Ａ氏は十時の考えをこう翻訳し、ＳＡＰのメンバーに伝えている。

「事業売却によるキャピタルゲインでもいい、というのはメーカー的発想じゃないですね。でも、そこなんですよ。ＳＡＰに関わる人たちも、売上は立ったけれども、リターンを、収益をこの部に返すところまでやらなければいけない。それをみなさん意識しているし、していない人には、してもらっています。そこでお金が還流し始めると、非常に面白いことになる。たとえば、いまのプロダクトの次に何があるのか。ＨＵＩＳのリモコンの先に見える世界はなんなのかを、いまずっと問いかけているところです」

S・O・N・Yの四文字に求められる品質

SAPのプロダクトについては、避けて通れない点も存在する。それは〝完成度〟だ。世の中にまだない製品を生み出すのは難しいものだ。アイデアはよくできていても、それを製品にした時、思っていたとおりのことができない部分も当然出てくる。技術は魔法ではないからだ。

SAPのプロダクトはそれぞれにユニークだが、出荷時から完全無欠な完成度ではない。むしろ、どこかいびつな、完成されていない状態で出荷されている、と言ってもいい。これは、家電メーカーであるソニーの製品としては異例なことと言える。

wenaは、いわゆる〝おサイフケータイ〟としての機能を実現するとされながらも電子マネー機能に他社アプリを活用している都合上、2016年6月現在、最もシェアの大きな電子マネーである、Suicaをはじめとした交通系電子マネー規格に対応していない。iOSには対応しているものの、アンドロイドには当初未対応だった（6月末にアンドロイド版アプリをリリース）。また、当初黒のモデルではデザインの問題から、盤面と針のコントラストが低く見づらい、とも指摘されクラウドファンディング出荷時に改善を行なった。

Qrioは初期、スマホ上でカギを開ける操作をしてから、実際に開くまでの時間が非常に長かった。最低でも十数秒かかるため、「スマホを取り出すより、本物のカギをポケットから出す方が楽だ」とも揶揄された。

ＨＵＩＳは、ＵＳＢケーブルで充電することを想定しており、スマートフォン用の充電器やＰＣを流用できることから、当初はＡＣアダプターを同梱していなかった。だが、一部のスマートフォン用ＡＣアダプターとの相性が悪く、充電ができないことがあったため、結局購入者全員に相性がいいＡＣアダプターを送付することになった。また、製造から出荷までに時間がかかった個体があった関係もあり、製品が自宅に届いた時には、ＨＵＩＳの内蔵バッテリーがすっかりカラになり、画面いっぱいに〝バッテリー切れ〟の表示が出ているものもあった。ＨＵＩＳはクラウドファンディングに参加してくれた人への感謝を込める目的で、ディスプレーに特別なメッセージを表示した形で出荷されていた。電子ペーパーは画面の書き換えが行なわれないと電力を消費しないため、購入者はこのメッセージを最初に目にするはず……という仕込みだったのだが、内蔵バッテリーが完全に切れるとバッテリー切れ警告が出る仕様だったため、想定外にメッセージが上書きされてしまい、せっかくの仕込みも無駄になってしまった。

カスタマーサポートの〝加速支援者〟である舟越は、このように話す。

「彼らは自分の商品に愛着もあるので、ご購入いただいた方からの連絡を見たりして落ち込んでいますよ。やっぱりネガティブなコメントもありますから。しかし私は〝おまえら、これはすごいことだよ〟と言っています。普通の設計者には、直接お客様の声は届きづらいんです。

直で見えるのがＳＡＰの難しさであり、面白さであると」

そのうえで、起きたことへは迅速に正しく対処するのが先決、とアドバイスする。

「ＨＵＩＳの一件は、正直なところ議論になりました。厳重管理で発生させない、というのがベストなんですが、発生した後にどうやって早く落着させるか。そこは事業部でやっていることも同じなんです。特にクラウドファンディングで購入したお客様は、商品を企画した彼らの高い熱量に期待して買っていただいたんです。だからそこをケアしないといけない」

そもそも、ソニーがクラウドファンディングを使った、というところにも難しさはある。

クラウドファンディングには、まず顧客に製品を渡し、顧客と一緒に品質や仕様を作り上げて、何ヵ月後かに完全な商品に磨き上げる、という暗黙の了解がある。だがそこは、ソニーのやることだ。最初から完成していないと「こんなものなの？」と思われてしまう。

「やはり、いい意味でも悪い意味でも、普通に買っていただくお客様とは違うのです。期待感込みで買っていただいた方も結構多かったと思うんですけども、そうじゃない方もいます。今後は〝ソニー〟を求めるお客様がいい意味で増えてくるのではないか、とは感じており、そこは課題でもあります」

もちろん、先に挙げた点も、出荷時のままではない。ｗｅｎａはアンドロイド版のアプリケーションを正式販売時にローンチしたし、交通系電子マネーサポートの可能性も模索しているという。Ｑｒｉｏはソフトウェアの改善でカギが開くまでの時間がぐっと短くなり、日常的な使用のユーザー体験を改善する方向に進んでいる。ＨＵＩＳは、２０１６年8月末の公開を目指し、ＰＣ上でリモコンのデザインや機能を自由にカスタマイズするソフトを開発中だ。

素早く立ち上げたうえで進化しながらビジネスの形を作っていく、というスタートアップ的な価値観は、これまで、家電メーカーのような企業とは相性が悪かった。ソニーがＳＡＰを〝これもソニーである〟と定義した以上、顧客の側にそうした製品の市場とあり方を理解してもらう必要がある。ビジネスモデルの拡大や次なるプロジェクトを動かすうえでは、もっとも直近の課題と言える。

この世にないビジネスプランを実行する環境を作るために

小田島は、スタートアップ的なものを〝小粒〟、〝荒削り〟と言われることについて、別の視点を示す。

「ソニーだけじゃないのかも、と思うんですが、いきなり公式を覚えるところから始めちゃうとだめですね。公式の成り立ちみたいなところの原理原則から知らないとだめなんです。〝新規事業は小粒だ〟と言う方と話すと、意外と自分で事業をゼロから立ち上げた経験は無いことが多く、事業の成り立ち方については知らなかったりする。基礎が根本から体得できてないと、成功を繰り返すことができないし、その時々の精神状態に左右されてしまう。僕が常にチームに言っているのは、〝再現可能であることを大事にしよう〟ということです」

これは、事業を回し、拡大していくための方法論についての考え方だ。SAPは、ビジネスをイチから立ち上げる経験が浅いメンバーに、トータルでの経験を積ませる、すなわち〝マウンドに立たせる〟ことに大きな価値を持たせている。その真意は次のようなものになる。

「大企業では〝シャドーボクシング〟が起こりがちです。〝僕の発想って素晴らしいでしょ〟とプレゼンにまとめるところまでは真剣にやるんですけど、伝わらないことが多いんですよ。伝わらないんだけどひたすらシャドーボクシングを続けるんです。〝このフォーム見てください、美しいでしょ〟と。でもリングに上がることはまずないし、リングに上がる権利を取りに行くこともしない。SAPで重要にしているのはリングに上がることです」

SAPオーディションなどを通し、誰もがアイデアを実行に移すチャンスを作ることの重要性を指摘する一方で、小田島は「全員がダルビッシュのようなエースになれるわけでもない」と言う。それは厳然たる事実である。一方で、世の中はエースだけで回るものでもない。

「プロ野球からメジャーに行くような人もいれば、それを見て楽しむ人もいる。一方で、プロに対してフォームの改善をしたり、プロが働くための環境を整えたりする人もいます」

新規事業を作る人は素晴らしい、と思いがちだ。確かに素晴らしいのだが、では、地道にモノづくりのスキルを高め、他の企業とコミュニケーションを繰り返し、完成度を上げていくことが、それらより下なのかというと、そうではない。それぞれに役割はあり、支え合ってビジネスは回る。それが組織というものだ。「マウンドに立つ機会が与えられることで、それをより理解できるようになるのではないか」と小田島は言う。

「新規事業から、既存事業の人も刺激を受けて盛り上げていく。こういうサイクルがいま、社内に行き渡りつつあり、事業部も新しいことをやり始めているように見えます」

実は、現在ソニーには、新規事業や新しいモノ作りに関わる部門が多くなっている。ＳＡＰ以前に平井が直轄で立ち上げたＬｉｆｅ Ｓｐａｃｅ ＵＸの〝ＴＳ事業準備室〟の他、事業部内でも複数の新規プロジェクトが立ち上がっている。本来製品を作らないＲ＆Ｄ部門ですら、研究中の技術を一般にお披露目し、コンセプトを確認する新たな試み〝Ｆｕｔｕｒｅ Ｌａｂ Ｐｒｏｇｒａｍ〟を開始した。すべてがＳＡＰの直接的な影響だ、という話ではないが、ＳＡＰなどによって〝新しい試みをすることは、ソニー社内評価においてプラスである〟という考え方がソニー内に広まった結果と考えることができる。

平井は、社内で起きつつあることを、次のような言葉で伝える。

「根本的にソニーの社員は、モノを作るのが好きなんです。だから、自分の事業と関係ないけども、〝ＳＡＰでなにか面白いモノを作っている〟という話になると、自分も関わりたいと思うし、エンジニアも何人か送り込んで完成度を上げよう、という気持ちになる。ビジネス作りも同様です。いままでは、なかなか〝助ける対象〟がなかった。だからしょうがないんですけど、いまは出てきた。みんな、新しいものをつくることを手伝いたいんです。〝みんなで寄ってたかってやろうよ〟という文化が、ソニーにはあるんじゃないですかね。だからこそ、そのための仕組みを整備するんです」

一方で、こう反省も述べる。

「新しいものが出てくるパス（ルート）が増えてわかりづらい、と言われるのはうれしいです。非常に贅沢な悩みです。とはいえ確かに、ソニーとしてその種のものをどう扱うか、というメッセージングを考えなければいけないとは強く思っています。でも、どう一本化するか、という話ではないです」

〝ソニーを卒業して起業する可能性〟はソニーにとっても良いことだ

スタートアップは大企業の中でなくてもできる。大企業でやることには、有利な点も不利な点もあり、本書で取り上げてきたのは、そういう問題だと考える。

そしてもうひとつ、根本的な話もある。

SAPのような仕組みで人を育てることは、ソニーにとって重要なことだ。一方、そうやって能力と人脈を作れば、次には自分自身で起業することも可能になる。企業は人を育てることに予算を費やすが、それはその企業の土壌を豊かにするためでもある。

SAPで育った人材は、そのまま自身が起業家となれる能力を持つ。ならば、ソニーは〝ソニーを出て行く人材を自らの予算で育てている〟ことにならないだろうか？

平井も十時も、その点についてのコメントは同じシンプルなものだった。

「それでもいいんじゃないですか」

二人とも、そう答えたのだ。

「何もやらず、みんなが不満に思っていて、何もいい商品が出ないという状況より、私は100倍いいと思いますけどね。だって中には、外でチャレンジできる可能性があるなら、モチベーションがダブルで上がり、ソニーにより貢献しよう、という人が出てくるかもしれない。〝外に行こう〟と言う人もいるでしょうが、皆がハッピーになるシナリオならそれでいい。別にＳＡＰがあってもなくても、外で活躍したい、と思う人はいます。それはあんまり考えてはいないですし、そういうことをネガティブ要因として切り出したら、〝じゃあこの計画も止めよう〟、〝あの計画もやめよう〟という話になり、またスタートに戻ってしまいます」

平井は徹底して、〝社員のモチベーションを上げ、パフォーマンスを発揮させる〟という意味での、明るい面にだけ目を向ける。やらないよりやった方がプラスなら、やらない理由はないと。

十時はこう考える。

「コンセンサスがあるわけではないですけれど、プラスになるなら外でビジネスをしてもかまわないと思いますし、おそらくそうなるでしょう。結局、人をくくりつけておくことはできません。自分で起業するためのエコシステムも、日本にもできつつあります。だから、ソニーでやってくれないんだったら出ていきますよ、って話になると思うんですよ。いずれは。であるならば、ソニーも積極的に後押しして、ソニー側でも果実が得られるような仕組みでターニングする、というパターンがあってもいいとは思います」

十時は、自らが入社した時、会長であった盛田昭夫の言葉を引用する。

「当時から盛田さんには、〝会社が合わなかったら辞めなさい〟と言われましたよ。別にいまに始まった話じゃありません。どうも、ソニーはピカピカの会社になりすぎました」

そしてこう続ける。

「意外と価値観ってお金だけじゃないですよね。お金も重要なんですけど、〝自分が持っているアイデアとかスキルを触発して高めてくれるような仲間がいる〟とか、〝やりたいことができる環境がある〟とか、〝大きいことができそうだ〟、といったことの方が、むしろ重要なんじゃないか、と思います。たとえば、ｗｅｎａの對馬が大成功して、別会社にして動くとするじゃないですか。それは非常にポジティブですよね。そういう前例ができると触発されて、〝もしかすると俺にもできるんじゃないか〟と考える人が出てくる。それが結局はソニーにとっての力になります」

人は、働きたい企業をどうやって選ぶのだろうか。

収入はとても大事なことで、その裏付けがなければ働けない。だが同時に、〝この会社でなにができるか〟がわかっていることも重要だ。アップルやグーグルに行きたいと思う人がいるのは、〝そこではなにかができる〟と思うためだろう。同時に、起業して自らで〝場〟を作る人もいる。

リストラが続く企業では、それが見えなくなる。2013年、ソニーを辞める人々が多くいたのはそのためだ。ソニーは現在、そこから立ち直りつつある。SAPは、いまはまだ、ちょっとした製品を生み出す種に過ぎない。だが、チャレンジする場がある、ということが、〝そこではなにかができる〟という希望と期待と機会を生み出す。日本人がソニーという会社に特別なリスペクトを持ってきたのは、モノを生み出していたことに付随する〝そこではなにかができる〟という期待があったからだ。

若手社員が考えたSAPという〝小さな計画〟を平井や十時が拾い上げ、若者たちがチャレンジする後押しをしたのは、ソニーの中に〝そこではなにかができる〟という共通認識を再構築するためだったのではないだろうか。

〝ベンチャー対大企業〟の二者択一を超えて

ソニーにとって、この10年は冬の時代だった。個々のヒット商品がなかったわけではないが、そうしたところから生まれた種も利益も、長く続く構造改革に吸い取られ、成長にはつながらなかった。これは、ソニーに限ったことではないだろう。特に2000年以降、日本の中で大きな成長・成功を収められた業種は、スマートフォン・携帯電話向けアプリ事業など、数少ない業種に限られる。それ以外の企業に入社した人々は、必死に働いても、会社の成長を経験していない。特にソニーはそうだった。

その中で、社員はモチベーションを維持した状態で働けただろうか。社員の数が増え、平均年齢も高くなってくると、特に若い社員にとっては、ひとりひとりに与えられる職責が小さなもの、細分化されたものになっていく。年嵩になりキャリアを積んだ年齢にならないと、自分が関わっているビジネス全体を俯瞰し、切り盛りするような働き方はできない。そして、先も見えない。

ソニーだけでなく、日本全体で特に若者が抱えているある種の閉塞感は、こうした部分に根ざしているのではないか、と思える。

数年前まで、ソニーからは退職していく若手も少なくなかったという。その背景には、成長が見えない会社の中で、やりがいのある仕事を任せてもらえない不満感があったのは疑いない。筆者も、ソニーを辞めた若手エンジニアと、ベンチャー企業で再会した経験が何度もある。サンフランシスコで働く彼の顔は幸せそうだった。能力があり、自信がある人であれば、不満を抱えてまで大企業で働く必要はないし、やりがいがあるところ、自らをより高く売れるところに移るのは必然ですらある。どんどん挑戦すべきだ。

一方で、こうも思うのだ。

ビジネス企画からモノ作りの最前線まで、すべてに責任を持つビジネスをするには、いまはハードウェアスタートアップになるのが近道だ。しかし〝起業〟は非常に大きなリスクを背負うものだ。お金の問題だけではない。社員であれば、私生活のうち一部を仕事に切り出す形でもいいが、創業者・経営者は、すべての時間を自らの事業のためにつぎ込む覚悟が必要になる。だからこそ、成功したときには大きな果実を得られるわけだが、逆に失敗した時のリスクも大きい。特に日本は、アメリカなどと比べても、起業失敗からの復活に関して、起業家個人への負担が大きい。生活のすべてをつぎ込んで、さらに大きなリスクを背負い、それでも成功者は一握りである、という状況が、本当にいいことなのだろうか。

そうした部分を改善するには、日本の〝起業〟に関する制度や風習を見直す必要がある。再挑戦へのフェールセーフや、巨大な成功でなくても回していける仕組みの評価などが重要と感じる。だが、それだけが解決策ではないはずだ。

大企業とは、大きな組織によってリスクを分散する仕組みでもある。そもそも、そこで〝やりがいのある、全体を見据えた仕事〟ができないことが問題なのではないか。安定の大企業対やりがいのスタートアップ、という二者択一が存在してしまうこと、いや、本来二者択一でないはずのものがそうなってしまうことに、事の本質があるのだ。大企業の中でも若いうちからチャレンジする方法があるなら、そちらを選ぶ人がいてもいいはずだ。大企業のリソースを活用し、起業部分をショートカットするやり方が存在してもいいはずである。大企業が能力もやる気もある若者を支えられないことこそ、ソニーだけでなく、日本の大企業が共通で抱える問題の本質ではないか。

ＳＡＰの取り組みは、こうした部分にある種の〝回答〟を示すものと感じる。十時が言うように、ＳＡＰではビジネス作りをエンドトゥエンドで実践し、学ぶことができる。失敗しても成功しても、彼らの中にはなにかが残る。小田島が指摘するように、ＳＡＰでのビジネス化に至れなかったとしても、その前の段階で〝ビジネス化とはなにか〟を真剣に検討し、評価を受ける機会を得ることで、単に与えられた仕事を行なうこととは違う経験が、彼らの中に残るはずだ。

20代・30代で〝社内起業〟した経験があれば、それが成功体験であれ失敗体験であれ、将来、より大きなビジネスをやるときの糧になる。また、過去の自分と同じように新規事業に取り組む社員には、知見を伝える〝加速支援者〟の役割を果たすことができる。現在のＳＡＰが数多くの加速支援者に支えられてビジネスを進めているように、次の世代へのバトンになる。これは、ビジネスを直接回す仕事とともに、大企業の中での新しいキャリアパスにもなり得る。ある意味、働き方の多様化と言える。

ソニーは２０１６年7月、新しいコーポレートベンチャーキャピタル・ファンド〝Sony Innovation Fund〟を立ち上げる。１００億円規模となるこのファンドは、ＳＡＰのような事業での社内起業を支援し、新しいビジネスの種を作り出すことを狙ったものだ。平井は

２０１５年から２０１７年の3年間を〝ギアシフトの時期〟と喩える。業績回復を果たした今こそ新しいことをしなければいけないが、その種を見つけるための賭け金として、このファンドを用意したのだ。

平井はＳＡＰについて、また別の表現も使う。

「ＳＡＰのもうひとつの目的は、社内のオペレーション改革であり意識改革なんです」

大企業は動きが遅く、ベンチャーは素早い。常識のように語られてきたことだが、ＳＡＰはそうしたことを打ち破ることを目的に動いてきた。

「やれば素早く、小さくできるんですよ。それを〝速く出せたね〟で終わりにするのではなく、ノウハウ化した上でこれまでの事業部へと反映するか、が目的です。スタートアップには動きが速い会社もありますが、ソニーの製造ノウハウや技術力を〝速く回す〟ところに追加できれば有利になるはず。要は〝いいところどり〟にしたい。これからは、ＳＡＰを超えて大きいところへと広げる番です」

ＳＡＰではこれからも、小さなチャレンジが続けられていくことだろう。それはある意味、〝小さなソニー〟を作るようなものだ。そこから生まれた影響がソニー全体に広がることを、平井をはじめとした、ＳＡＰに関わる人々は期待している。

〝ソニーの中にソニーを作る〟ことが、ソニーを変えるために必要なことだったのだ。

おわりに

筆者はIT機器や家電をフィールドとする書き手である。商品企画者にも技術者にも会うし、生産の現場にも足を運ぶ。

近年、強く感じていたことがひとつある。

それは〝製品は誰が作っているのか〟ということだ。我々が手にする製品は、それを売るメーカーが作ったものだ。それは間違いではない。しかし、本書の中で述べたように、いまのハードウェアは、生産を担当する企業が作っていて、メーカーは直接的に手を下さない場合も多い。過去には大企業でなければ作れないと思われていたような製品を、社員数人のハードウェアスタートアップが開発し、市場で評価を受ける例もある。世界最大の通販企業であるアマゾンは、自社でハードウェアを企画・開発し、生産委託して自社で販売することにより、〝アマゾンのサービスに依存させる〟戦略を採っている。これは、まったく新しいハードウェアビジネスの形だ。

もはや、大企業であるか否かは、〝製品を世に問う〟という点では、さほど意味のあるものではない。ソニーというブランドのついた製品の中で、ソニー自身が作っている部分はどのくらいだろう？　アップルは？　任天堂は？　東芝は？　そこに答えるのは難しい。

だがそもそも、〝家電メーカーが家電を作っている〟というのは、ある種の幻想にすぎなかったのだ。過去のテレビやカメラ、オーディオ機器も、パーツは家電メーカーから依頼を受けた〝協力メーカー〟が製造しており、彼らの卓越した量産技術があって、初めて〝メーカーの製品〟ができあがっている。現在は、液晶ディスプレーやメモリー、CPUといったデバイスの姿がわかりやすくなり、企業の系列から離れたモノづくりも容易になった。ブランド名が知られた企業がすべてを作っている、という幻想が消え、中小から大手までが競争可能になったことで、家電メーカーのヒエラルキーは変わったのである。

SAPというプロジェクトの成果物を目にするようになり、「ソニーがなにかやっているんだな」と認識したのは、2015年夏のことだ。なるほど面白い、と思いはしたものの、その時、SAPについての本を書くことになるとはまったく考えていなかった。

だが、〝誰もがメーカーになれる〟という言説とハードウェアスタートアップの勃興、そしてその背景にある〝大手メーカーの苦悩〟を考察するうちに、SAPで行なわれていることは、その映し鏡だと気がついた。

ソニーは復活しようとしている。その過程では、業績の厳しいエレクトロニクス事業でリストラを行ない、いまのビジネスの形にあった規模に変化していく、という痛みも伴った。誰もがメーカーになり得る時代に、それでも〝大手メーカーの持っている価値とはなにか〟を問うのがSAPなのだろう、と感じたのである。

彼らはまだ小さい。製品も大ヒットとはまだ言えない。興味のない人には、購入の検討にも至らないだろう。だが、〝新しいものを作ろうとする仕組み〟を問うことは、必ず企業のためになる、と筆者は確信している。

小田島の元には、SAPの話をヒアリングしたい、という依頼が増えている。それがどこからの依頼であろうと、小田島たちは断るつもりがない、という。それは、平井や十時が「見せてもいい。他社に真似してもらってもいい」と考えているからだ。今回の執筆にあたり、ソニー側の全面的な協力を得られたのは、「成功も失敗もすべて見てもらってかまわない」という、彼らのポリシーに基づく。

この本を校了する最終段階になって、あるニュースが飛び込んできた。内容は、「小田島が新規事業創出部の統括部長に昇進する」というものだ。ソニーのような大企業において、まだ30代である小田島が統括部長になるのは、やはり異例のことであり、最年少昇進であるという。新入社員が統括課長になってプロジェクトを動かすという〝最年少記録〟から始まった部門を、同様に自らプロジェクトを立ち上げた若手が統括することになる。自らが発案したビジネスを責任をもって回す仕組みの中で、年齢は一要素に過ぎない。

2016年でSAPのプロジェクトは3年目を迎える。ソニー社内では、まだ未公開のプロジェクトがいくつも動いている。それがなにかは筆者も知らない。すでに動いているプロジェクトからでも、新しいプロジェクトからでもいい。〝大木〟や〝満開の花〟が、遠くない時期に見られることを、筆者は期待している。

SAP開始から2年目の年末にあたる2015年12月15日、平井からこれまでの労を労う会が開かれた。主なプロジェクトのメンバーや事務局スタッフ、加速支援者が集まった。

ソニー復興の劇薬 SAPプロジェクトの苦闘

2016年7月30日 初版発行

著者 西田宗千佳
編集 伊藤有
編集協力 みきーる
デザイン 松田タダシ

発行者 塚田正晃
発行所 株式会社KADOKAWA
〒102-8177 東京都千代田区富士見2-13-3
小社ホームページ
http://www.kadokawa.co.jp/
プロデュース アスキー・メディアワークス
〒102-8584 東京都千代田区富士見1-8-19
電話03-5216-8388（編集）
電話03-3238-1854（営業）
印刷・製品 大日本印刷株式会社 Printed in Japan

ISBN978-4-04-892309-5　C0034